二级造价工程师执业资格考试用书押题试卷

建设工程造价管理、计量与计价实务
(基础知识、土木建筑工程、安装工程)

二级造价工程师执业资格考试用书命题研究组　组编

黄河水利出版社
·郑州·

目　录

图书在版编目(CIP)数据

二级造价工程师执业资格考试用书押题试卷. 建设工程造价管理、计量与计价实务:基础知识、土木建筑工程、安装工程/二级造价工程师执业资格考试用书命题研究组组编. —郑州:黄河水利出版社,2023. 9

ISBN 978-7-5509-2555-7

Ⅰ. ①二… Ⅱ. ①二… Ⅲ. ①建筑造价管理-资格考试-习题集 Ⅳ. ①TU723. 3-44

中国版本图书馆 CIP 数据核字(2019)第 279234 号

出 版 社:黄河水利出版社

地址:河南省郑州市顺河路黄委会综合楼 14 层　　邮政编码:450003

发行单位:黄河水利出版社

发行部电话:0371-66026940、66020550、66028024、66022620(传真)

E-mail:hhslcbs@ 126. com

承印单位:河南承创印务有限公司

开本:787 mm×1 092 mm　1/16

印张:6

字数:140 千字

版次:2023 年 9 月第 1 版　　印次:2023 年 9 月第 1 次印刷

定价:50. 00 元

建设工程造价管理基础知识模拟试题(一)

一、单项选择题(共60题,每题1分,共60分。每题的备选答案中,只有一个最符合题意)

1. 大中型建设工程项目立项批准后,开工前,(　　)应当按照有关规定申请领取施工许可证。
A. 建设单位　B. 施工单位　C. 总承包单位　D. 监理单位

2. 我国《建筑法》规定的建筑工程发包方式有(　　)。
A. 招标发包和邀请发包　B. 公开招标和直接招标
C. 招标发包和直接发包　D. 公开招标和邀请招标

3. 下列各项中,不属于注册造价工程师执业范围的是(　　)。
A. 可行性研究投资估算的编制和审核　B. 投标报价的编制和审核
C. 工程造价分析与控制　D. 工程经济纠纷的鉴定和仲裁

4. 根据我国现行规定,甲级和乙级工程造价咨询企业专职从事工程造价专业工作的人员中,取得造价工程师注册证书的人员分别不得少于(　　)人。
A. 20和12　B. 16和8　C. 10和6　D. 8和6

5. 在建设工程项目管理中,造价控制、进度控制、质量控制之间是(　　)关系。
A. 相互矛盾　B. 相互统一　C. 相互对立统一　D. 相互独立

6. 按照《中华人民共和国合同法》规定,下列情形中引起整个合同无效的是(　　)。
A. 因故意或者重大过失造成对方财产损失的
B. 因重大误解订立的合同
C. 一方以欺诈手段订立合同损害国家利益的
D. 在合同订立时显失公平的

7. 在工程建设中,各类合同是维系参与单位之间关系的纽带。在建设工程项目合同体系中,两个最主要的节点是(　　)。
A. 业主和承包商　B. 业主和勘察设计单位
C. 承包商和设备材料供应商　D. 业主和设备材料供应商

8. 按计价方式不同,建设工程合同可以划分为三大类。以下不属于三大合同类型的合同是(　　)。
A. 总价合同　B. 单价合同
C. 市场价合同　D. 成本加酬金合同

9. 下列建设工程项目目标控制的方法中,可用来综合控制工程进度和工程造价的方法是(　　)。
A. 控制图法和因果分析图法　B. S曲线法和香蕉曲线法
C. S曲线法和直方图法　D. 网络计划法和排列图法

10. 关于建设工程项目风险的分类,下列不是按照风险来源进行分类的是(　　)。

A. 自然风险　B. 社会风险　C. 经济风险　D. 总体风险

11.《建设工程施工合同(示范文本)》的通用条款中规定了三种可选择的计价方式,以下不属于三种计价方式的是(　　)。
A. 固定价格合同　B. 可调价格合同　C. 成本加酬金合同　D. 预算包干合同

12. EPC总承包是最典型和最全面的工程总承包方式。签订工程总承包合同的当事人双方是(　　)。
A. 建设单位和设计单位　B. 设计单位和施工单位
C. 建设单位和总承包单位　D. 施工单位和总承包单位

13. 合同双方发生争议后,解决方式不包括(　　)。
A. 和解或调解　B. 立即申诉
C. 申请仲裁　D. 向人民法院诉讼

14. 固定资产投资所形成的固定资产价值的内容包括(　　)。
A. 建筑安装工程造价,设备、工器具的购置费用
B. 建筑安装工程造价,设备、工器具的购置费用和工程建设其他费用
C. 设备、工器具购置费用和设备安装费
D. 建筑安装工程造价、工程建设其他费用

15. 建设项目工程造价是指(　　)。
A. 建设项目的建设投资、建设期贷款利息、固定资产投资方向调节税和流动资金的总和
B. 建设项目的建设投资、建设期贷款利息和固定资产投资方向调节税的总和
C. 建设项目的建设投资、建设期贷款利息和流动资金的总和
D. 建设项目的建设投资、固定资产投资方向调节税和流动资金的总和

16. 非生产性建设项目的工程总造价就是建设项目(　　)的总和。
A. 工程承发包价格　B. 铺底流动资金投资
C. 固定资产投资　D. 建筑安装工程造价

17. 我国进口设备采用最多的一种货价是(　　)。
A. 离岸价格　B. 运费在内价　C. 运费和保险费在内价　D. 原价

18. 建筑安装工程费用中的税金为国家税法规定的应计入造价内的营业税、城市维护建设税和(　　)。
A. 增值税　B. 消费税　C. 教育费附加　D. 所得税

19. 不属于材料费的内容有(　　)。
A. 材料原价　B. 燃料动力费　C. 材料运杂费　D. 运输损耗费

20. 不属于工程建设其他费中的递延资产的是(　　)。
A. 人员培训费及提前进厂费
B. 为保证初期正常生产所必需的生产办公、生活家具用具购置费
C. 为保证初期正常生产所必需的第一套不够固定资产标准的生产用具、工具购置费
D. 为保证初期正常生产所必需的备品、备件费

21. 基本预备费的概念阐述正确的是(　　)。

A. 在投资估算内难以预料的工程费用
B. 在设计概算内难以预料的工程费用
C. 在投资估算或设计概算内难以预料的工程费用
D. 在投资估算或设计概算内难以预料的工程费用和由于价格等变化引起的工程造价变化的预测预留费用

22. 利用国外贷款的利息计算中,计算年利率时不需要综合考虑的因素是(　　)。
A. 手续费　B. 管理费　C. 承诺费　D. 汇率变动

23. 以下建筑工程造价计价依据的分类中,属于按使用对象分类的是(　　)。
A. 计算分部分项工程人工、材料、机械台班消耗量及费用的依据
B. 计算建筑安装工程费的依据
C. 规范工程计价的依据
D. 规范建设单位(业主)和承包商双方计价行为的依据

24. 投资估算指标的编制一般分为三个阶段进行。将整理后的数据资料按项目划分栏目加以归类,按照编制年度的现行定额、费用标准和价格,调整成编制年度的造价水平及相互比例,属于哪一阶段的操作(　　)。
A. 收集整理资料阶段　B. 平衡调整阶段
C. 测算审查阶段　D. 以上均不是

25. 按现行规定,施工机械每个工作台班的工作时间计算为(　　)小时。
A. 6　B. 7　C. 8　D. 10

26. 下列不属于预算定额编制依据的是(　　)。
A. 全国统一劳动定额　B. 现行的设计规范
C. 概算指标　D. 通用的标准图集

27. 给定下列数据:材料消耗净用量为 100 单位,损耗率为 5%,则材料消耗定额为(　　)单位。
90　B. 100　C. 105　D. 110

28. 建筑安装工程费用定额的水平应按照社会必要劳动量确定,这一说法体现了建筑安装工程费用定额的(　　)编制原则。
A. 合理确定定额水平　B. 简明、适用性
C. 定性与定量分析相结合　D. 以上都不对

29. 以下关于工程造价资料的说法中,错误的是(　　)。
A. 1991 年 11 月,建设部印发了关于《建立工程造价资料积累制度的几点意见》的文件,标志着我国工程造价资料积累制度建立起来
B. 工程造价资料按照其不同发展阶段,一般分为项目可行性研究、投资估算、初步设计概算、施工图预算、竣工结算、工程决算等
C. 工程造价资料积累的内容应包括“量”和“价”,还要包括对造价确定有重要影响的技术经济条件
D. 要建立造价资料数据库,首要的问题是数据资料的收集、整理和输出工作

30. 下列关于投资估算生产能力指数法的表述中,正确的是(　　)。

A. 一般情况下,生产能力指数的取值范围为 0~1.5
B. 当拟建项目生产规模扩大主要依赖增大设备规模时,生产能力指数取值为 0.8~0.9
C. 这种方法主要适用于投资与规模呈线性关系的类型项目
D. 生产能力指数法的估算精度一般可达到±20%以内

31. 工程项目之间千差万别,在用途、结构、造型、坐落位置等方面都有很大的不同,这体现了工程造价(　　)的特点。
A. 动态性　B. 单个性　C. 层次性　D. 兼容性

32. 建设项目的三阶段设计是指(　　)。
A. 单位工程设计、单项工程设计、建筑项目总设计
B. 初步设计、技术设计、施工图设计
C. 总图运输设计、平面设计、立面设计
D. 初步设计、技术设计、扩大初步设计

33. 对于承包商而言,施工图预算的作用之一是(　　)。
A. 检验设计的经济合理性　B. 测算标底
C. 测算造价指数　D. 必要的成本控制措施

34. 进口设备离岸价格指的是(　　)。
A. CIF　B. C&F　C. FOB　D. FAS

35. 进口设备运杂费中运输费的运输区间是指(　　)。
A. 出口国供货地至进口国边境港口或车站
B. 出口国的边境港口或车站至进口国的边境港口或车站
C. 进口国的边境港口或车站至工地仓库
D. 出口国的边境港口或车站至工地仓库

36. 进口设备外贸手续费=(　　)×人民币外汇牌价×外贸手续费率。
A. 到岸价　B. 离岸价　C. 出厂价　D. 组成计税价格

37. 在建设工程投资估算中,建设期贷款利息按(　　)×年利率计算。
A. 年初借款本息累计+本年借款额　B. 年初借款本息累计+本年借款额/2
C. 年初借款本息累计-本年借款额　D. 年初借款本息累计-本年借款额/2

38. 单台设备安装后的调试费属于(　　)。
A. 安装工程费　B. 建筑工程费
C. 设备购置费　D. 工程建设其他费

39. 按照我国的现行规定,建设单位所需的临时设施费属于(　　)。
A. 直接工程费　B. 措施费
C. 企业管理费　D. 工程建设其他费

40. 按照《建设工程工程量清单计价规范》规定,工程量清单计价应采用(　　)。
A. 工料单价法　B. 综合单价法　C. 扩大单价法　D. 预算单价法

41. 在我国目前工程量清单计价过程中,分部分项工程的综合单价由(　　)组成。
A. 人工费、材料费、机械费

B. 人工费、材料费、机械费、管理费

C. 人工费、材料费、机械费、管理费、利润以及一定范围内的风险费用

D. 人工费、材料费、机械费、管理费、利润、规费和税金

42. 下列定额分类中属于按照生产要素消耗内容分类的是( )。

A. 材料定额、机械定额、工器具定额

B. 劳动定额、机械台班定额、材料消耗定额

C. 机械定额、材料定额、建筑工程定额

D. 资金定额、劳动定额、机械定额

43. 劳动定额的主要表现形式为时间定额,但同时也表现为产量定额,时间定额与产量定额的关系是( )。

A. 互为倒数　B. 独立关系　C. 正比关系　D. 互为相反数

44. 概算定额是确定完成合格的( )所需消耗的人工、材料和机械台班的数量标准。

A. 分部分项工程　B. 扩大分部分项工程　C. 单位工程　D. 单项工程

45. 材料损耗率的计算公式,可以表示为( )×100%。

A. 损耗量/净用量　B. 净用量/损耗量　C. 损耗量/总用量　D. 净用量/总用量

46. 预算定额的编制应反映( )。

A. 社会平均水平　B. 平均先进水平　C. 社会先进水平

D. 企业实际水平　E. 初步设计、技术设计、扩大初步设计

47. 承包商在获得招标文件后和计算投标报价前,按照建设工程施工投标程序依次完成的工作是( )。

A. 招标环境调查—招标文件研究—制订施工方案—确定投标策略

B. 招标文件研究—招标环境调查—确定投标策略—制订施工方案

C. 确定投标策略—招标文件研究—招标环境调查—制订施工方案

D. 招标文件研究—招标环境调查—制订施工方案—确定投标策略

48. 根据《中华人民共和国招标投标法》的规定,评标委员会由招标人的代表和有关技术、经济等方面的专家组成,成员人数为( )。

A. 4 人以上双数　B. 5 人以上单数　C. 6 人以上双数　D. 7 人以上单数

49. 在开标时,当投标文件中出现投标人名称或组织结构与资格预审不一致时,招标人处理的方式是( )。

A. 不予受理　B. 按废标处理

C. 请投标人予以更正　D. 追究投标人法律责任

50. 建设单位需对原工程设计进行变更,根据《建设工程施工合同(示范文本)》的规定,发包方以书面形式向承包方发出变更通知,应不迟于变更前( )天。

A. 7　B. 14　C. 20　D. 30

51. 当工程变更引起实际完成的工程量增减超过工程量清单中相应工程量的 15%或合同中约定的幅度时,应予调整该工程量清单项目的( )。

A. 材料单价　B. 市场单价　C. 综合单价　D. 部分费用单价

52. 承包商可以根据合同约定向业主提出延期开工的申请,申请被批准,则承包商可以进行工期索赔。业主的确认时间为( )小时。

A. 48　B. 36　C. 24　D. 12

53. 在《建设工程工程量清单计价规范》中,其他项目清单一般包括( )。

A. 预备金、分包费、材料费、机械使用费

B. 暂列金额、材料购置费、总承包服务费、零星工作项目费

C. 暂列金额、暂估价、计日工、总承包服务费

D. 预留金、总承包费、分包费、材料购置费

54.《建设工程工程量清单计价规范》规定,因工程变更引起已标价工程量清单项目发生变化时,计算变更合同价款按( )执行。

A. 合同中类似的价格　B. 承包方计算的价格

C. 监理工程师指定的价格　D. 当地权威部门发布的指导价

55. 索赔是工程承包中经常发生的正常现象。索赔的性质属于( )。

A. 经济补偿行为　B. 经济惩罚行为

C. 维护索赔方形象　D. 维护双方合法权益

56. 根据《建设工程工程量清单计价规范》的规定,包工包料工程的预付款按合同约定拨付,原则上预付比例区间按合同金额的( )。

A. 5%～25%　B. 10%～25%　C. 5%～30%　D. 10%～30%

57. 编制竣工结算除应具备全套竣工图纸、材料价格或材料、设备购物凭证、取费标准以及有关计价规定外,还应具备的资料有( )。

A. 工程量清单报价书和设计变更通知单等

B. 施工预算书和材料价格变更文件等

C. 工程现场签证单和材料限额领料单等

D. 工程合同条款和工程现场会议纪要等

58. 建设项目竣工验收时,负责组织项目验收委员会的是( )。

A. 建设单位　B. 监理单位　C. 施工单位　D. 项目主管部门

59. ①审议、审查竣工资料;②对审议、审查和检查中发现的问题提出要求并限期整改完成;③召开竣工验收委员会会议,听取和审议有关汇报与报告;④实地查验工程质量和建设情况;⑤全面评价工程,签署和颁发竣工验收鉴定书。以上有关竣工验收的主要工作内容,其正确的排序是( )。

A. ①④③②⑤　B. ③①④②⑤　C. ①③④⑤②　D. ③④①⑤②

60. 在大、中型建设项目竣工财务决算表中,属于资金来源的是( )。

A. 预付款及应收款　B. 待冲基建支出

C. 应收生产单位投资借款　D. 拨付所属投资借款

二、多项选择题(共20题,每题2分,共40分。每个题的备选答案中至少有2个或2个以上是正确的,至少有1个是错误的。选错1个选项本题不得分,每选对1个选项得0.5分)

1.《中华人民共和国建筑法》中关于工程发包与承包的相关规定,以下说法中正确的有(　　)。

A. 承包单位应在其资质等级许可的业务范围内承揽工程

B. 实行联合共同承包的,可按联合体中资质等级较高单位的业务许可范围承揽工程

C. 承包单位可将其承包的全部建筑工程转包给有相应资质等级的其他单位

D. 总承包单位和分包单位就分包工程对建设单位承担连带责任

E. 各类建筑工程必须依法实行招标发包

2. 根据我国《造价工程师职业资格制度规定》,下列关于二级造价师资格考试的论述中,不正确的有(　　)。

A. 二级造价师资格考试实行全国统一考试大纲

B. 二级造价师资格考试由建设部和人事部共同组织

C. 二级造价师报考者应具备工程造价专业大专及以上学历

D. 资格考试合格者颁发由建设部和人事部统一印制的资格证书及专用章

3. 下列关于我国工程造价咨询企业管理的论述中,错误的有(　　)。

A. 工程造价咨询企业资质等级分为甲级、乙级、丙级三个等级

B. 工程造价咨询企业的业务承接,不受行政区域的限制

C. 工程造价咨询企业承接业务时,应该与委托人签订书面工程造价咨询合同

D. 工程造价咨询企业的分支机构可以分支机构的名义承揽咨询业务

E. 工程造价咨询企业跨省区承接业务时,应该在企业所在省区的建设主管部门备案

4. 下列关于建设工程项目管理集成化发展趋势的论述中,正确的有(　　)。

A. 在项目质量管理方面强调以全面质量管理的观点控制项目管理全过程质量

B. 在项目管理组织方面表现为业主应该实行委托项目管理模式

C. 在项目管理理念方面应该强调项目目标的寿命周期管理

D. 项目进度管理是指项目实施阶段的进度控制

E. 项目造价管理的目的是使项目建设一次性投资最省

5. 基本建设项目按其投资作用可以划分为(　　)。

A. 生产性建设项目　　B. 非生产性建设项目　　C. 竞争性项目

D. 基础性项目　　E. 公益性项目

6. 按照《中华人民共和国合同法》规定,效力待定的合同包括(　　)。

A. 未成年人订立的合同

B. 不能完全辨认自己行为的精神病人订立的合同

C. 无权代理人代订的合同

D. 因发生不可抗力导致无法履行的合同

E. 经法定代理人追认的无代理权人以被代理人名义订立的合同

7. 建设工程施工合同(示范文本)由(　　)组成。

A. 协议书　　B. 通用条款　　C. 专用条款

D. 工程量清单　　E. 中标通知书

8. 建设投资由(　　)构成。

A. 流动资金　　B. 工程建设其他费用

C. 预备费　　D. 建设期贷款利息

9. 工程建设其他费用按照资产属性分别形成(　　)。

A. 固定资产　　B. 流动资产　　C. 无形资产

D. 有形资产　　E. 递延资产

10. 预算定额的编制原则包括(　　)。

A. 定性与定量分析相结合的原则　　B. 社会平均水平的原则

C. 合理确定定额水平原则　　D. 简明性原则

E. 简明适用的原则

11. 在下列施工机械工作时间中,不应列入定额时间的有(　　)。

A. 不可避免的无负荷工作时间　　B. 机械多余的工作时间

C. 不可避免的中断时间　　D. 机械停工时间

E. 违背劳动纪律的停工时间

12. 施工机械台班单价的费用组成包括(　　)。

A. 折旧费　　B. 检修费　　C. 人工费

D. 安拆费及场外运输费　　E. 燃料动力费

13. 设计概算文件的编制包括(　　)。

A. 单位工程概算　　B. 建设项目总概算　　C. 单项工程综合概算

D. 可预见的调整费用　　E. 其他费用

14. 下列属于审查设计概算的方法有(　　)。

A. 全面审查法　　B. 联合会审法　　C. 查询核算法

D. 对比分析法　　E. 分解审查法

15. 属于建设工程施工招标文件内容的有(　　)。

A. 投标须知　　B. 招标文件格式　　C. 工程量清单

D. 设计图纸　　E. 评标标准和方法

16. 工程量清单计价应包括按招标文件规定,完成工程量清单所列项目的全部费用,一般包括(　　)。

A. 分部分项工程费　　B. 规费、税金　　C. 业主临时设施费

D. 措施项目费　　E. 其他项目费

17. 采用工程量清单报价,下列计算公式正确的是(　　)。

A. 分部分项工程费 = ∑分部分项工程量×分部分项工程项目综合单价

B. 措施项目费 = ∑措施项目工程量×措施项目综合费率

C. 单位工程报价 = ∑分部分项工程费

D. 单项工程报价 = ∑单位工程报价

E. 建设项目总报价 = ∑单项工程报价

18. 工程量清单计价中,分部分项工程的综合单价由完成规定计量单位工程量清单项目所需(　　)等费用组成。

A. 人工费、材料费、机械使用费　　B. 管理费

C. 临时设施费　　D. 利润　　E. 税金

19. 由于业主原因设计变更,导致工程停工一个月,则承包商可索赔的费用有(　　)。

A. 利润　　B. 人工窝工费　　C. 机械设备闲置费

D. 增加的现场管理费　　E. 税金

20. 工程师对承包方提出的变更价款进行审核和处理时,下列说法正确的有(　　)。

A. 承包方在工程变更确定后规定时限内,向工程师提出变更价款报告,经工程师确认后调整合同价款

B. 承包方在规定时限内不向工程师提出变更价款报告,则视为该项变更不涉及价款变更

C. 工程师收到变更工程价款报告后,在规定时限内无正当理由不予确认,一旦超过时限,该价款报告失效

D. 工程师不同意承包方提出的变更价款,可以和解或要求工程造价管理部门调解等

E. 工程师确认增加的工程变更价款应作为追加合同款,与工程款同期支付

建设工程造价管理基础知识模拟试题(一)
参考答案

一、单项选择题

1~5:ACDCC	6~10:CACBD	11~15:DCBDB
16~20:CACBD	21~25:CDDAC	26~30:CCADD
31~35:BBDCC	36~40:ABADB	41~45:CBABA
46~50:ABBBB	51~55:CABAA	56~60:DADBB

二、多项选择题

1. AD	2. BCD	3. ADE	4. ABC	5. CDE
6. ABC	7. ABC	8. BCE	9. ACE	10. BE
11. BDE	12. ABCDE	13. ABC	14. BCD	15. ACDE
16. ABDE	17. ADE	18. ABD	19. BCD	20. ABDE

建设工程造价管理基础知识模拟试题(二)

一、单项选择题(共60题,每题1分,共60分。每题的备选答案中,只有一个最符合题意)

1. 建设单位应当在领取施工许可证后及时开工,开工期限为领取施工许可证之日起(　　)个月内。

A. 1　　B. 2　　C. 3　　D. 6

2.《招标投标法》规定的招标方式是(　　)。

A. 公开招标、邀请招标和议标　　B. 公开招标和议标

C. 邀请招标和议标　　D. 公开招标和邀请招标

3. 投标人少于(　　)个的,招标人应当依照《招标投标法》的规定重新招标。

A. 1　　B. 2　　C. 3　　D. 5

4. 当工程分包时,分包单位按照分包合同的约定对(　　)负责。

A. 设计单位　　B. 建设单位　　C. 总承包单位　　D. 监理单位

5. 按照我国《招标投标法》的规定,依法必须进行招标的项目,自招标文件开始发出之日起至投标人提交投标文件截止日止,最短不得少于(　　)日。

A. 10　　B. 15　　C. 20　　D. 25

6. 以下关于工程造价咨询企业业务承接的说法中,正确的是(　　)。

A. 甲级企业可以在全国范围内承接业务且不用向资质许可机关提供工程造价咨询企业信用档案信息

B. 乙级企业只能在本省范围内承接业务且向资质许可机关提供工程造价咨询企业信用档案信息

C. 乙级企业可以从事工程造价6000万元人民币以下建设项目的造价咨询业务

D. 甲级企业可以从事工程造价6000万元人民币以上建设项目的造价咨询业务

7. 下列关于项目管理概念的表述中,错误的是(　　)。

A. 项目管理三大目标包括规定的时间、费用和质量

B. 一定的约束条件是制定项目管理目标的依据

C. 项目管理具有重复性和多次性的特点

D. 项目管理具有针对性、系统性、程序性和科学性的特点

8. 拟建项目单位向国家提出要求建设某一工程项目的建议文件是(　　)。

A. 项目建议书　　B. 可行性研究报告

C. 设计任务书　　D. 立项报告

9. 某工程有独立设计的施工图纸和施工组织设计,但建成后不能独立发挥生产能力,此工程应属于(　　)。

A. 分部工程　　B. 分项工程　　C. 单项工程　　D. 单位工程

10. 在建设工程目标控制中,以下不属于主动控制的措施是(　　)。

A. 识别风险,揭示各种影响目标实现和计划实施的潜在因素

B. 利用信息反馈系统及时发现偏离目标的情况,采取措施予以纠正

C. 制订必要的备用方案,对付可能出现的影响项目目标或计划实现的情况

D. 加强信息收集,为预测工程未来发展状况提供及时可靠的信息

11. 当有些风险无法回避、必须直接面对,而以自身的承受能力又无法有效地承担时,应该选择的风险应对策略为(　　)。

A. 风险回避　　B. 风险自留　　C. 风险控制　　D. 风险转移

12. 在合同履行过程中,价款或报酬约定不明确,依法应当执行政府定价或者政府指导价的,如逾期交货又遇到标的物的价格发生变化,则处理的原则是(　　)。

A. 遇价格上涨,按原价执行;价格下降,按新价执行

B. 遇价格上涨,按新价执行;价格下降,按原价执行

C. 无论价格上涨还是下降,都按原价执行

D. 无论价格上涨还是下降,都按新价执行

13. 合同的权利义务终止又称为合同的终止或合同的消灭。下列情形中引起合同终止的是(　　)。

A. 债务人不履行债务　　B. 债权人不行使债权

C. 债权债务相互抵消　　D. 债务纠纷进入诉讼

14. 按照我国《合同法》的规定,建设工程合同是指承包人进行工程建设,发包人支付价款的合同。下列合同中,不属于建设工程合同的是(　　)。

A. 勘察合同　　B. 设计合同　　C. 施工合同　　D. 工程保险合同

15. 对承包商而言,能最大限度地降低风险的合同形式是(　　)。

A. 成本加酬金合同　　B. 固定总价合同　　C. 可调总价合同　　D. 单价合同

16.《建设工程施工合同(示范文本)》的组成部分中,为合同当事人提供合同内容编制指南,但具体内容需要承、发包方根据发包工程的实际情况进行细化的部分是(　　)。

A. 协议书　　B. 通用条款　　C. 专用条款　　D. 附件

17. 在施工图预算编制时,先计算单位工程分部分项工程量,然后再套用预算定额,求出各分项工程直接工程费,再汇总成预算造价的方法是(　　)。

A. 综合单价法　　B. 实物量法　　C. 定额单价法　　D. 清单计价法

18. 下列选项中,一般不作为业主和承包商在工程施工交易时采用的依据是(　　)。

A. 施工图纸及说明书　　B. 批准的初步设计文件

C. 工程量计算规则　　D. 招标文件

19. 在项目总平面设计中,影响工程造价的主要因素不包括(　　)。

A. 总图运输　　B. 外部运输　　C. 建设地点　　D. 外部协作条件

20. 限额设计的全过程,实际上就是项目投资目标管理的控制过程,下面不属于该控制过程的是(　　)。

A. 目标分解与计划　　B. 目标实施　　C. 目标实施检查　　D. 目标修改

21. 我国现行《建筑安装工程费用项目组成》中,支付给生产工人的住房公积金应计入(　　)。

A. 生产工人工资性补贴　　B. 规费

C. 社会保障费　　D. 生产工人辅助工资

22. 我国现行建筑安装工程费用构成中,材料二次搬运费应计入(　　)。

A. 直接工程费　　B. 措施费　　C. 企业管理费　　D. 规费

23. 下列建筑安装工程费用中,应列入直接工程费的是(　　)。

A. 人工费　　B. 夜间施工增加费

C. 新材料试验费　　D. 施工排水和降水费

24. EPC 总承包是最典型和最全面的工程总承包方式。但在下列工作中,不包括在 EPC 总承包范围之内的工作是(　　)。

A. 勘察工作　　B. 设计工作　　C. 采购工作　　D. 施工工作

25. 材料预算价格是指材料从其来源地到达(　　)的价格。

A. 工地　　B. 施工操作地点

C. 工地仓库　　D. 工地仓库堆放场地后的出库

26. 下列对建设工程造价定义正确的是(　　)。

A. 有计划地建设某项工程,预期开支的全部固定资产和流动资产投资的费用

B. 有计划地建设某项工程,预期开支或实际开支的全部固定资产和流动资产投资的费用

C. 有计划地建设某项工程,实际开支的全部固定资产和流动资产投资的费用

D. 有计划地建设某项工程,预期开支或实际开支的全部固定资产费用

27. 项目建设期间用于项目的建设投资、建设期贷款利息、固定资产投资方向调节税和流动资金的总和是(　　)。

A. 建设项目总投资　　B. 工程费用

28. 设备进口的关税计算公式是(　　)。

A. 关税=离岸价格×进口关税税率

B. 关税=到岸价格×进口关税税率

C. 关税=原币货价×进口关税税率

D. 关税=货价×进口关税税率

29. 组成直接费的是直接工程费和(　　)。

A. 措施费　　B. 人工费

C. 材料费　　D. 施工机械使用费

30. 组成间接费的是规费和(　　)。

A. 工程排污费　　B. 社会保障费

C. 工程定额测定费　　D. 企业管理费

31. 下列不属于勘察设计费的是(　　)。

A. 工程勘察费　　B. 基础设计费

C. 详细设计费　　D. 场地准备费

32. 工程监理费属于(　　)。

A. 建设管理费　　B. 征地补偿费

C. 研究试验费　　D. 引进技术和引进设备其他费

33. 对于建设期贷款利息的估算正确的是(　　)。

A. 根据建设期资金用款计划,当年借款按全年计息,上年借款也按全年计息

B. 根据建设期资金用款计划,当年借款按半年计息,上年借款按全年计息

C. 根据建设期资金用款计划,当年借款按半年计息,上年借款也按半年计息

D. 根据建设期资金用款计划,当年借款按全年计息,上年借款按半年计息

34. 下列关于工程量清单计价法表述有误的是(　　)。

A. 工程量清单项目套价的结果是计算该清单项目的直接工程费

B. 工程量按照国家标准《建设工程工程量清单计价规范》规定的工程量计算规则计算

C. 分部分项工程费考虑风险因素

D. 措施项目综合单价的构成和分部分项工程项目的综合单价构成类似

35. 工程造价的计价依据按用途可分为 7 大类,其中计算设备费的依据是(　　)。

A. 各项工程建设其他费用定额等　　B. 设备价格、运杂费率等

C. 间接费定额　　D. 概算指标、概算定额、预算定额

36. 下列选项中不包括在投资估算指标编制工作三阶段中的是(　　)。

A. 收集整理资料阶段　　B. 准备工作阶段

C. 测算审查阶段　　D. 平衡调整阶段

37. 编制扩大初步设计概算时计算和确定扩大分项工程的人工、材料、机械台班耗用量(或货币量)的数量标准是(　　)。

A. 施工定额　　B. 概算指标　　C. 概算定额　　D. 预算定额

38. 不属于二级但属于三级概算编制形式的组成表格是(　　)。

A. 总概算表　　B. 单项工程概算表

C. 工程建设其他费用计算表　　D. 单位工程概算表

39. 下列各项中,不属于施工图预算书组成部分的是(　　)。

A. 补充单位估价表　　B. 主要设备材料数量及价格表

C. 工程量计算书　　D. 人、料、机分析表

40. 对于承包商而言,施工图预算的作用之一是(　　)。

A. 检验设计的经济合理性　　B. 测算标底

C. 测算造价指数　　D. 拟定降低成本措施

41. 在项目决策阶段影响工程造价的最主要因素是(　　)。

A. 项目建设规模　　B. 技术方案

C. 设备方案　　D. 建设标准

42. 下列选项中,不属于设计方案比选原则的是(　　)。

A. 协调好技术先进性和经济合理性的关系

B. 考虑建设投资和运用费用的关系

C. 兼顾近期和远期的要求
D. 处理好建设规模与资源利用的关系

43.《中华人民共和国招标投标法》规定,在我国境内可以不进行招标的项目是(　　)。
A. 公用事业的项目　B. 国家融资的项目
C. 使用国家资金的项目　D. 使用专有技术的项目

44. 建设工程施工招标文件,既是承包商编制投标文件的依据,又是与将来中标的承包商(　　)。
A. 作为竣工验收的依据　B. 制订施工方案的依据
C. 制定索赔处理办法的基础　D. 签订工程承包合同的基础

45. 在建设工程施工招标文件中,对投标文件的组成、投标报价、递交、修改、撤回等有关内容的要求,由招标文件提出的是(　　)。
A. 投标须知　B. 技术条款　C. 合同主要条款　D. 投标文件格式

46. 根据《建设工程工程量清单计价规范》的规定,分部分项工程量清单的项目编码第三级表示为(　　)。
A. 专业工程顺序码　B. 分部工程顺序码
C. 分项工程顺序码　D. 清单项目顺序码

47. 不属于建设工程招标标底价格的编制依据是(　　)。
A. 招标文件的商务条款
B. 施工方案或施工组织设计
C. 施工现场地质、水文、地上情况等资料
D. 企业定额、类似工程的成本核算资料

48. 措施项目组价的方法一般有两种,其中,采用综合单价形式组价方式主要用于计算(　　)。
A. 临时设施费　B. 二次搬运费
C. 安全施工费　D. 施工排水费

49. 在建设工程招投标开标时,投标文件有下列情形之一的,招标人不予受理的是(　　)。
A. 未按招标文件的要求密封的
B. 未按招标文件的要求提交投标保证金的
C. 未按规定的格式填写并且内容不全的
D. 无单位盖章并且无法定代表人签字的

50. 完成评标和定标应当在投标有效期结束日的(　　)个工作日前。
A. 15　B. 20　C. 25　D. 30

51. 变更的时间通常很紧迫,甚至可能发生现场停工,等待变更通知,这种情况下的工程变更通常发生在(　　)。
A. 工程尚未开始　B. 工程施工前准备
C. 工程正在施工　D. 工程已完工

52.《建设工程价款结算暂行办法》规定,合同中没有适用于变更工程的价格,计算变更合同价款按(　　)执行。

A. 合同中类似的价格
B. 当地权威部门指导的价格
C. 监理工程师提出的价格
D. 承包商提出的价格,监理工程师确认后

53. 对整个工程的实际总成本与原成本之差额提出的索赔属于(　　)。
A. 补偿索赔　B. 综合索赔
C. 单项索赔　D. 道义索赔

54. 根据《建设工程价款结算暂行办法》规定,在具备施工条件的前提下,业主给承包商预付工程款应在双方签订合同后的(　　)。
A. 半个月内　B. 一个月内
C. 一个半月内　D. 二个月内

55. 当工程竣工结算报告金额为 1500 万元时,审查时限为从接到竣工结算报告和完整的竣工结算资料之日起(　　)天。
A. 20　B. 30　C. 45　D. 60

56. 竣工验收报告的汇总与编制一般由(　　)完成。
A. 建设单位　B. 竣工验收委员会　C. 施工单位　D. 监理单位

57. 预算定额中的人工消耗指标包括(　　)。
A. 基本用工和人工幅度差
B. 基本用工、辅助用工和人工幅度差
C. 基本用工、材料超运距用工、辅助用工和人工幅度差
D. 基本用工、材料超运距用工、辅助用工

58. 建设项目竣工决算应包括(　　)的全部实际费用。
A. 从设计到竣工投产　B. 从筹集到竣工投产
C. 从立项到竣工验收　D. 从开工到竣工验收

59. 采用工程量清单计价时,要求投标报价根据(　　)。
A. 业主提供的工程量,按照现行概算扩大指标编制得出
B. 业主提供的工程量,结合企业自身所掌握的各种信息、资料及企业定额编制得出
C. 承包商自行计算工程量,参照现行预算定额规定编制得出
D. 承包商自行计算工程量、结合企业自身所掌握的各种信息、资料及企业定额编制得出

60. 某分项工程发包方提供的估计工程量为 1 500 m^3,合同中规定单价 16 元/m^3,实际工程量超过估计工程量 10%时,调整单价,超出部分单价调为 15 元/m^3,实际完成工程量 1 800 m^3,工程款(　　)元。
A. 28 650　B. 27 000　C. 28 800　D. 28 500

二、多项选择题(共 20 题,每题 2 分,共 40 分。每个题的备选答案中至少有 2 个或 2 个以上是正确的,至少有 1 个是错误的。选错 1 个选项本题不得分,每选对 1 个选项得 0.5 分)

1. 下列关于建筑工程分包的说法,符合我国法律规定的是(　　)。
A. 主体结构的施工任务由分包单位完成

B. 建筑工程总承包单位按照承包合同的约定对建设单位负责
C. 分包单位按照分包合同的约定对总承包单位负责
D. 总承包单位和分包单位就分包工程对建设单位承担连带责任
E. 分包单位可以将其承包的工程再分包

2. 合同是平等主体的(　　)之间设立、变更、终止民事权利义务关系的协议。
A. 自然人　　B. 法人　　C. 其他组织
D. 客体　　E. 主体

3. 以下关于建设工程项目成本管理的说法正确的是(　　)。
A. 成本计划是开展成本控制和核算的基础
B. 成本核算是对成本计划是否实现的最后检查
C. 成本分析是成本考核的依据
D. 成本预测是成本计划的编制基础
E. 成本控制是成本计划的基础

4.《合同法》规定,执行政府定价或者政府指导价的合同,应遵守的规定有(　　)。
A. 在合同约定的交付期限内政府价格调整时,按照交付时的价格计价
B. 逾期交付标的物的,遇价格上涨时,按照原价格执行
C. 逾期交付标的物的,遇价格下降时,按照现价格执行
D. 逾期提取标的物的,遇价格上涨时,按照新价格执行
E. 逾期付款的,遇价格下降时,按新价格执行

5. 下列选项中,能反映建设工程项目管理国际化发展趋势的有(　　)。
A. 在我国的跨国公司和跨国项目越来越多
B. 我国的许多项目已通过国际招标、咨询等方式运作
C. 我国企业在海外投资和经营的项目不断增加
D. 项目管理单位大量使用项目管理软件进行项目管理
E. 工程项目管理信息系统成为提高管理水平的有效手段

6. 基本建设项目按其投资效益可以划分为(　　)。
A. 生产性建设项目　　B. 非生产性建设项目
C. 竞争性项目　　D. 基础性项目
E. 公益性项目

7. 按照我国《合同法》规定,在下列情形中,当事人一方有权请求人民法院变更或撤销合同的是(　　)。
A. 损害公共利益的
B. 造成对方人身伤害的
C. 因重大误解而订立的
D. 恶意串通,损害国家利益的
E. 在订立合同时显失公平的

8. 下列关于建设工程施工专业分包合同履行的论述中,正确的有(　　)。
A. 分包人应当按照协议书约定的日期开工
B. 如果分包人要求延期开工,应在约定开工日期前 3 天提出要求
C. 承包人接到分包人延期开工的请求,应在接到请求后的 24 小时内答复
D. 承包人接到分包人延期开工的请求,超过规定时间未予答复的视为同意
E. 因非分包人原因不能按期开工,合同工期相应顺延

9. 设备及工器具费由(　　)组成。
A. 设备购置费　　B. 工器具购置费　　C. 管理费
D. 间接费　　E. 生产家具购置费

10. 概算定额的编制依据有(　　)。
A. 现行的预算定额
B. 选择的典型工程施工图和其他有关资料
C. 全国统一劳动定额
D. 推广的新技术、新结构、新材料、新工艺
E. 人工工资标准、材料预算价格、机械台班预算价格

11. 人工单价的确定涉及的变量有(　　)。
A. 基本工资　　B. 工资性补贴　　C. 劳动保险费
D. 职工福利费　　E. 生产工人劳动保护费

12. 劳动定额的编制方法有(　　)。
A. 经验估计法　　B. 统计计算法　　C. 技术测定法
D. 比较类推法　　E. 理论计算法

13. 按照指标估算法,建筑工程费用估算一般采用(　　)。
A. 单位实物工程量投资估算法　　B. 工料单价投资估算法
C. 单位建筑工程投资估算法　　D. 概算指标投资估算法
E. 工程量估算法

14. 建设项目总概算的主要编制依据包括(　　)。
A. 工程所在地的环境气候　　B. 贷款的方式
C. 采用的指标或定额　　D. 设备材料价格的取定
E. 基本预备费的取费标准

15. 下列构成建设管理费的是(　　)。
A. 建设单位管理费　　B. 工程监理费
C. 工程质量监督费　　D. 可行性研究费
E. 工程造价咨询费

16. 根据《建设工程工程量清单计价规范》的规定,工程量清单的组成内容有(　　)
A. 分部分项项目清单　　B. 措施项目清单　　C. 其他项目清单
D. 设备价格表　　E. 主要材料价格表

17. 根据《建设工程工程量清单计价规范》的规定,综合单价包括(　　)。

A. 人工费　　B. 材料费　　C. 机械使用费

D. 间接费　　E. 税金

18. 工程变更是建筑施工生产的特点之一,其变更形式包括(　　)。

A. 设计变更　　B. 工程环境的变化,施工条件变更

C. 业主新的变更指令　　D. 材料单价变更　　E. 合同条款变更

19. 按施工索赔的目的可分为(　　)。

A. 地质变化索赔　　B. 加速施工索赔　　C. 经济索赔

D. 道义索赔　　E. 工期索赔

20. 下列各项资料中,属于竣工验收依据的是(　　)。

A. 可行性研究报告　　B. 施工图设计文件　　C. 投标书及其附件

D. 工程承包合同文件　　E. 技术设备说明书

建设工程造价管理基础知识模拟试题(二)
参考答案

一、单项选择题

1~5:CDCCC	6~10:DCBDB	11~15:DACDA
16~20:CCBCD	21~25:BBAAD	26~30: BABAD
31~35:DABAB	36~40:BCBCD	41~45:ADDDA
46~50:BDDAD	51~55:CDBBB	56~60:ACBBA

二、多项选择题

1. BCD	2. ABC	3. ABCD	4. ABCD	5. ABC
6. CDE	7. CE	8. ADE	9. ABE	10. ABE
11. ABDE	12. ABCD	13. ACD	14. CDE	15. ABCE
16. ABC	17. ABC	18. ABC	19. CE	20. ABDE

建设工程造价管理基础知识模拟试题(三)

一、单项选择题(共60题,每题1分,共60分。每题的备选答案中,只有一个最符合题意)

1. 施工总承包单位与分包单位依法签订了"外墙装饰工程分包协议",在建设单位组织竣工验收时发现外墙装饰工程质量不合格。下列表述正确的是(　　)。

A. 分包单位就全部工程对建设单位承担法律责任

B. 分包单位可以不承担法律责任

C. 总包单位就分包工程对建设单位承担全部法律责任

D. 总包单位和分包单位就分包工程对建设单位承担连带责任

2.《招标投标法》规定的招标方式是(　　)。

A. 公开招标、邀请招标和议标

B. 公开招标和议标

C. 邀请招标和议标

D. 公开招标和邀请招标

3. 编制投标文件的时间自招标文件出售之日起到投标人提交投标文件截止之日止,最短不得少于(　　)日。

A. 10　　B. 20　　C. 15　　D. 5

4. 按照《中华人民共和国建筑法》的规定,建筑施工许可证的申请者是(　　)。

A. 建设单位　　B. 施工单位　　C. 监理单位　　D. 设计单位

5. 开标应当由(　　)主持,在招标文件中预先确定的地点公开进行。

A. 政府招标投标管理办公室负责人　　B. 招标人

C. 投标人推选的代表　　D. 公证人

6. 工程项目建设程序是工程建设过程客观规律的反映,各个建设阶段(　　)。

A. 次序可以颠倒,但不能交叉

B. 次序不能颠倒,但可以进行合理的交叉

C. 次序不能颠倒,也不能进行交叉

D. 次序可以颠倒,同时可以进行合理的交叉

7. 建设工程项目组成中的最小单位是(　　)。

A. 分部工程　　B. 分项工程　　C. 单项工程　　D. 单位工程

8. 在项目目标控制的方法中,S形曲线法的一般作用是(　　)。

A. 进度控制和质量控制

B. 造价控制和进度控制

C. 质量控制和造价控制

D. 造价控制和风险控制

9. 在建设工程项目风险管理过程中,风险识别最主要的工作成果是(　　)。

A. 风险事件发生的概率

B. 风险清单

C. 风险事故对项目目标的影响程度

D. 风险等级

10. 当事人订立合同,必须经过的程序是(　　)。

A. 担保和承诺　　B. 要约和担保

C. 要约和承诺　　D. 承诺和公证

11. 按照《中华人民共和国合同法》的规定,下列情形中引起整个合同无效的是(　　)。

A. 因故意或者重大过失造成对方财产损失的

B. 因重大误解订立的合同

C. 一方以欺诈手段订立合同损害国家利益的

D. 在合同订立时显失公平的

12. 在工程建设中,各类合同是维系参与单位之间关系的纽带。在建设工程项目合同体系中,两个最主要的节点是(　　)。

A. 业主和承包商　　B. 业主和勘察设计单位

C. 承包商和设备材料供应商　　D. 业主和设备材料供应商

13. 按计价方式不同,建设工程合同可以划分为三大类。以下不属于三大合同类型的合同是(　　)。

A. 总价合同　　B. 单价合同

C. 市场价合同　　D. 成本加酬金合同

14.《建设工程施工合同(示范文本)》由三部分组成,下列选项中不属于其组成内容的是(　　)。

A. 施工合同书　　B. 协议书

C. 通用条款　　D. 专用条款

15. 建设工程项目管理的核心任务是控制好项目的三大目标。下列不属于项目管理三大目标的是(　　)。

A. 规定的时间　　B. 规定的预算费用

C. 规定的质量标准　　D. 规定的安全标准

16. 以下关于合同生效的说法中,错误的是(　　)。

A. 依法成立的合同,自成立时生效

B. 附生效条件的合同,自条件成就时生效

C. 附生效期限的合同,自期限届至时生效

D. 依法应当办理批准、登记等手续的合同,自签订之日起生效

17. 合同标的物提存后,债权人领取提存物的权利期限为(　　)年。

A. 1　　B. 3　　C. 5　　D. 10

18. 业主将建设工程项目的设计、设备与材料采购、施工任务全部发包给一个承包商,这种工程承发包模式对应的工程承包合同称为(　　)。

A. EPC 承包合同　　B. 施工总承包合同

C. 单项工程承包合同　　D. 特殊专业工程承包合同

19. 在下列四种合同类型中,承包商承担的风险较大,因而其投标报价也较高的合同类型是(　　)。

A. 固定总价合同　　B. 可调总价合同

C. 单价合同　　D. 成本加酬金合同

20.《建设工程施工合同(示范文本)》的组成部分中,发包方和承包方不能进行修改和细化的部分是(　　)。

A. 协议书　　B. 通用条款　　C. 专用条款　　D. 附件

21. 招标工程的合同价款,应该由发包人和承包人在协议书中约定。约定合同价款的依据是(　　)。

A. 招标标底　　B. 投标报价　　C. 中标价格　　D. 预算造价

22. 对于实行 EPC 总承包合同的工程项目,业主在(　　)之后即可开始招标。

A. 提交项目建议书　　B. 项目立项

C. 项目初步设计完成　　D. 项目施工图设计完成

23. 合同双方发生争议经仲裁裁决以后,一方当事人拒不执行的,另一方当事人可以(　　)。

A. 依法撤销裁决　　B. 再申请仲裁

C. 提请诉讼　　D. 向人民法院申请执行

24. 非生产性建设项目的工程总造价就是建设项目(　　)的总和。

A. 工程承发包价格　　B. 铺底流动资金投资

C. 固定资产投资　　D. 建筑安装工程造价

25. 招标文件与中标人投标文件不一致的地方,在签订合同和执行合同时,均应该以(　　)为准。

A. 招标文件　　B. 投标文件

C. 工程造价管理部门的解释　　D. 双方另行协商

26. 工程量清单招标的工程中,下列说法正确的是(　　)。

A. 工程量清单必须委托具有相应资质的工程造价咨询人编制

B. 投标人可以对"分部分项工程量清单"中的项目进行增补

C. 投标人可以对"措施项目清单"中的项目进行增补

D."其他项目清单"中的暂列金额由投标人根据工程具体情况确定

27. 实行工程量清单计价的工程,其合同类型是(　　)。

A. 固定总价合同　　B. 固定单价合同

C. 可调单价合同　　D. 不确定的

28. 投标人可以在(　　)前,补充、修改或者撤回已提交的投标文件,并书面通知招标人。

A. 招标人发出中标通知书

B. 招标文件要求提交投标文件的截止时间

C. 开始评标

D. 开始定标

29. 造价工程师初始注册的有效期为(　　)年。

A. 2　　B. 3　　C. 4　　D. 5

30. 拟建项目单位向国家提出要求建设某一工程项目的建议文件是(　　)。

A. 项目建议书　　B. 可行性研究报告

C. 设计任务书　　D. 立项报告

31. 概算定额的编制步骤不包括(　　)。

A. 审查定稿阶段　　B. 准备工作阶段

C. 平衡调整阶段　　D. 编制初稿阶段

32. 根据《中华人民共和国招标投标法》的规定,工程招投标开标的时间和地点确定应为(　　)。

A. 招标文件中明确的某一时间和某一地点

B. 提交投标文件截止的时间和所在的地点

C. 招标文件中明确的某一时间和提交投标文件所在的地点

D. 提交投标文件截止的时间和招标文件中明确的地点

33. 建筑安装工程费用定额的编制原则不包括(　　)。

A. 合理确定定额水平原则

B. 简明、适用性原则

C. 社会平均水平的原则

D. 定性与定量分析相结合的原则

34. 相关新材料、新工艺、新设备、新技术分部分项工程的人工工日,主要材料的用量,机械台班用量属于工程造价资料积累内容中的(　　)。

A. 建设项目工程造价资料　　B. 单项工程造价资料

C. 单位工程造价资料　　D. 其他

35. 投资估算精度应满足控制(　　)的要求。

A. 初步设计概算　　B. 施工图预算

C. 项目资金筹资计划　　D. 项目投资计划

36. 按照我国的现行规定,建设单位所需的临时设施搭建费属于(　　)。

A. 直接工程费　　B. 措施费

C. 企业管理费　　D. 工程建设其他费

37. 在工业建设项目总概算中,下列各项工程归属于公用设施中给排水工程的是(　　)。

A. 软化水处理设备　　B. 消防工程

C. 防洪工程　　D. 锅炉房工程

38. 由同一专业的单位组成的联合体投标时,按照(　　)的单位确定资质等级。

A. 资质等级较低的　　B. 资质等级较高的

C. 平均资质等级　　D. 高低都成

39. 开标应当在招标文件确定的提交投标文件截止时间的(　　)进行。
A. 当天公开　　B. 当天不公开
C. 同一时间公开　　D. 同一时间不公开

40. 某工程有独立设计的施工图纸和施工组织设计,但建成后不能独立发挥生产能力,此工程应属于(　　)。
A. 分部分项工程　　B. 单项工程
C. 分项工程　　D. 单位工程

41. 以下按照投资作用进行建设工程项目分类的是(　　)。
A. 生产型建设项目和非生产型建设项目
B. 限额以上项目和限额以下项目
C. 政府投资项目和非政府投资项目
D. 竞争性项目、基础性项目和公益性项目

42. 建设工程项目管理的核心目标是(　　)。
A. 项目沟通管理　　B. 项目目标管理
C. 项目风险管理　　D. 项目综合管理

43. 把建设工程项目风险划分为自然风险、社会风险、经济风险、法律风险和政治风险的分类方法是按照风险(　　)来分类的。
A. 来源　　B. 涉及的当事人
C. 可否管理　　D. 影响范围

44. 总承包商将自己不擅长施工的某分部工程进行分包属于(　　)的风险应对策略。
A. 风险回避　　B. 风险自留　　C. 风险控制　　D. 风险转移

45. 下列表述中,错误的是(　　)。
A. 要约可以撤回　　B. 要约可以撤销
C. 承诺可以撤回　　D. 承诺可以撤销

46. 在(　　)情况下的代理行为不属于无权代理行为。
A. 没有代理权　　B. 超越代理权
C. 代理权授权不明确　　D. 代理权终止

47. 当事人约定由第三人向债权人履行债务的,若第三人不履行债务,则(　　)。
A. 债务人应当向债权人承担违约责任
B. 第三人应当向债权人承担违约责任
C. 债务人和第三人共同向债权人承担违约责任
D. 债权人选择确定承担违约责任的主体

48. 债权人转让权利的应当(　　)。
A. 经过债务人的同意　　B. 与债务人协商
C. 通知债务人　　D. 只转让主权利,不转让从权利

49. 在违约责任的承担方式中,当事人既约定违约金,又约定定金的,一方违约时,对方可以选择适用(　　)条款。
A. 违约金　　B. 定金
C. 违约金或者定金　　D. 违约金和定金

50. 王某在施工现场施工时不慎将左手臂砸伤,在项目经理的调解下,张某与雇主达成协议约定,雇主一次性向张某支付5000元作为补偿,张某放弃诉讼的权利。现张某表示反悔,则说法正确的是(　　)。
A. 该协议是无效的　　B. 该协议具有强制约束力
C. 张某可以起诉　　D. 人民法院不予受理

51. 对于工期长、技术复杂、实施过程中发生各种不可预见因素较多的大型土建工程,以及业主为了缩短工程建设周期初步设计完成后就进行施工招标的工程,应选择最适用的合同类型为(　　)。
A. 总价合同　　B. 成本加酬金合同
C. 单价合同　　D. 任意合同

52. 合同价款是按有关规定和协议条款约定的各种取费标准计算、用以支付承包人按照合同要求完成工程内容时的价款。招标工程的合同价款由发包人、承包人依据(　　)在协议书内约定。
A. 中标通知书中的中标价格　　B. 工程预算书中的预算价格
C. 招标文件中的标底价格　　D. 所有投标人有效报价的平均值

53. 在建设工程施工专业分包合同中,其合同的当事人是(　　)。
A. 业主和承包商　　B. 承包人和分包人
C. 业主和分包人　　D. 业主和设备供应商

54. 工程造价的第一种含义是从投资者或业主的角度定义的,按照该定义,工程造价是指(　　)。
A. 建设项目总投资　　B. 建设项目固定资产投资
C. 建设工程投资　　D. 建筑安装工程投资

55. 建设工程招标根据工程范围大小和专业不同分为全部工程、单项工程和专业工程招标,此招标属于(　　)。
A. 工程监理招标　　B. 工程施工招标
C. 工程勘察设计招标　　D. 工程项目货物招标

56. 根据《中华人民共和国招标投标法》的规定,建设工程招标应在国家指定的报刊和信息网络上发布招标公告,该招标方式为(　　)。
A. 公开招标　　B. 邀请招标
C. 联合招标　　D. 议标

57. 下列不属于工程建设项目货物招标文件组成的内容是(　　)。
A. 投标须知　　B. 设计图纸
C. 投标文件的格式　　D. 评标标准和方法

58. 根据《建设工程工程量清单计价规范》的规定，在分部分项工程量清单项目特征描述中，混凝土强度等级 C20 属于(　　)。

A. 必须描述的内容　B. 可不详细描述的内容
C. 简要描述的内容　D. 不必描述的内容

59. 编制工程结算时，计算和确定一个规定计量单位的分项工程或结构构件的人工、材料、机械台班耗用量的数量标准是(　　)。

A. 预算定额　B. 施工定额
C. 概算定额　D. 概算指标

60. 预算定额的编制应反映(　　)。

A. 社会平均水平　B. 社会平均先进水平
C. 社会先进水平　D. 企业实际水平

二、多项选择题(共 20 题，每题 2 分，共 40 分。每个题的备选答案中至少有 2 个或 2 个以上是正确的，至少有 1 个是错误的。选错 1 个选项本题不得分，每选对 1 个选项得 0.5 分)

1. 人工单价的确定涉及的变量有(　　)。

A. 基本工资　B. 工资性补贴　C. 劳动保险费
D. 职工福利费　E. 生产工人劳动保护费

2. 劳动定额的编制方法有(　　)。

A. 经验估计法　B. 统计计算法　C. 技术测定法
D. 比较类推法　E. 理论计算法

3. 在下列各项中，属于建设工程项目工程造价的有(　　)。

A. 建设期利息　B. 设备及工器具购置费　C. 预备费
D. 流动资产投资　E. 工程建设其他费

4. 按照建标〔2003〕206 号文的规定，下列各项中属于直接工程费中材料费的有(　　)。

A. 原价　B. 运杂费　C. 二次搬运费
D. 不可避免的运输损耗费

5. 按照建标〔2003〕206 号文的规定，下列各项中属于建筑安装工程施工机械使用费的有(　　)。

A. 折旧费　B. 大修理费
C. 大型机械设备进出场及安拆费
D. 经常修理费
E. 机械操作人员的工资

6. 按照建标〔2003〕206 号文的规定，下列各项中属于建筑安装工程企业管理费的有(　　)。

A. 劳动保护费　B. 职工教育经费　C. 劳动保险费
D. 财务费　E. 工会经费

7. 直接费包括(　　)。

A. 直接工程费　B. 措施费　C. 企业管理费
D. 材料费　E. 利润

8. 按照定额的编制程序和用途分类，工程建设定额有(　　)。

A. 施工定额　B. 劳动定额　C. 预算定额
D. 投资估算定额　E. 补充定额

9. 机械台班单价组成内容包括(　　)。

A. 机械预算价格　B. 机械折旧费　C. 机械经常修理费
D. 机械燃料动力费　E. 机械操作人员的工资

10. 建设工程项目总概算是由(　　)等汇总编制而成的。

A. 各单项工程综合概算　B. 工程建设其他费用概算
C. 预算费用　D. 固定资产投资方向调节税
E. 预备费

11. 施工图预算造价的构成有(　　)。

A. 成本　B. 利润　C. 税金
D. 预算管理费　E. 预算编制费

12. 工程量清单作为招标文件的组成部分，主要包括(　　)部分。

A. 直接项目工程量清单　B. 间接项目工程量清单
C. 分部分项工程量清单　D. 措施项目工程量清单
E. 其他项目工程量清单

13. 在工程量清单计价中，分部分项工程量清单项目特征必须描述的是(　　)。

A. 涉及施工方案的　B. 涉及结构要求的
C. 涉及当地材料价格的　D. 涉及材质要求的
E. 涉及施工难易程度的

14. 按照工程量清单报价的方法编制的标底，其标底审核的主要内容有(　　)。

A. 招标文件规定的计价方法　B. 招标文件规定的评标方法
C. 招标文件的其他有关条款　D. 工程量清单单价组成分析
E. 清单计价中计日工单价

15. 当工程变更发生时，要求工程师及时处理并确认变更的合理性。在提出工程变更和确认工程变更之间的一般过程有(　　)。

A. 分析提出的工程变更对项目目标的影响
B. 分析提出的工程变更对项目结构的影响
C. 分析有关的合同条款和会议、通信记录
D. 分析有关的法律、法规条款和施工组织设计
E. 分析该变更所涉及的价款合理性

16. 工程承包中不可避免地出现索赔的影响因素有(　　)。

A. 人民币升值　B. 施工进度变化
C. 施工图纸变更　D. 施工机械发生故障
E. 施工现场条件变化

17. 无形资产的计价方法有(　　)。

A. 专利权的计价　　B. 专有技术的计价

C. 商标权的计价　　D. 土地使用权的计价

E. 人、材、机的计价

18. 编制分部分项工程量清单,应根据《建设工程工程量清单计价规范》附录规定的要求确定(　　)。

A. 项目序号　　B. 项目名称　　C. 计量单位

D. 工程量计算规则　　E. 项目取费标准

19. 按照工程量清单报价的方法进行标底编制时,措施项目组价的方法一般有(　　)。

A. 用估算形式的组价　　B. 用费率形式的组价

C. 用定额单价形式的组价　　D. 用综合单价形式的组价

E. 用概算指标形式的组价

20. 由于发生索赔的原因很多,根据工程施工索赔实践,通常有(　　)。

A. 地基变化索赔　　B. 工期延长索赔　　C. 暂停施工索赔

D. 经济补偿索赔　　E. 业主违约索赔

建设工程造价管理基础知识模拟试题(三)
参考答案

一、单项选择题

1~5:DDBAB　　6~10:BBBBC　　11~15: CACAD

16~20:DCAAB　　21~25:CBDCB　　26~30:CDBCB

31~35:CDCDA　　36~40:DBACD　　41~45:ABDAD

46~50:CACCC　　51~55:CABAB　　56~60:ABAAA

二、多项选择题

1. ABDE　　2. ABCD　　3. ABCE　　4. ABE　　5. ABDE

6. BCDE　　7. ABD　　8. ACD　　9. BCDE　　10. ABDE

11. ABC　　12. CDE　　13. BCE　　14. ACDE　　15. ACE

16. BCE　　17. ABCD　　18. BCD　　19. BD　　20. ABCE

建设工程造价管理基础知识模拟试题(四)

一、单项选择题(共60题,每题1分,共60分。每题的备选答案中,只有一个最符合题意)

1. 按照《建筑法》的规定,建筑施工许可证的申请者是(　　)。

A. 建设单位　B. 施工单位　C. 监理单位　D. 设计单位

2. 开标应当由(　　)主持,在招标文件中预先确定的地点公开进行。

A. 政府招投标管理办公室负责人　B. 招标人

C. 投标人推选的代表　D. 公证人

3. 按照《中华人民共和国合同法》的规定,下列情形中引起整个合同无效的是(　　)。

A. 因故意或者重大过失造成对方财产损失的

B. 因重大误解订立的合同

C. 一方以欺诈手段订立合同损害国家利益的

D. 在合同订立时显失公平的

4. 下列不属于甲级工程造价咨询企业资质标准的是(　　)。

A. 已取得乙级工程造价咨询企业资质证书满4年

B. 取得造价工程师注册证书的人员不少于10人

C. 企业出资人中注册造价工程师人数不低于出资人总数的60%

D. 企业注册资本不少于人民币100万元

5. 临时使用土地期限一般不超过(　　)年。

A. 0.5　B. 1　C. 2　D. 3

6. 纳税人未按照规定期限缴纳税款的,扣缴义务人未按照规定期限解缴税款的,税务机关除责令限期缴纳外,从滞纳税款之日起,按日加收滞纳税款(　　)的滞纳金。

A. 万分之五　B. 万分之三　C. 百分之五　D. 百分之三

7. 建设工程项目组成中的小单位是(　　)。

A. 分部工程　B. 分项工程　C. 单项工程　D. 单位工程

8. 某中学实验楼的土建工程属于(　　)。

A. 单项工程　B. 单位工程　C. 建设项目　D. 分项工程

9. 建设工程项目管理的核心任务是(　　)。

A. 控制项目采购　B. 控制项目目标　C. 控制项目风险　D. 控制项目信息

10. 成本分析、成本考核、成本核算是建设工程项目施工成本管理的重要环节,仅就此三项工作而言,其正确的工作流程是(　　)。

A. 成本核算—成本分析—成本考核　B. 成本分析—成本考核—成本核算

C. 成本考核—成本核算—成本分析　D. 成本分析—成本核算—成本考核

11. 在建设工程项目风险管理过程中,风险识别主要的工作成果是(　　)。

A. 风险事件发生的概率　B. 风险识别报告

C. 风险事故对项目目标的影响程度　D. 风险等级

12. 在工程建设中,各类合同是维系参与单位之间关系的纽带。在建设工程项目合同体系中,两个主要的节点是(　　)。

A. 业主和承包商　B. 业主和勘察设计单位

C. 承包商和设备材料供应商　D. 业主和设备材料供应商

13. 按计价方式不同,建设工程合同可以划分为三大类。以下不属于三大合同类型的合同是(　　)。

A. 总价合同　B. 单价合同　C. 市场价合同　D. 成本加酬金合同

14.《建设工程施工合同(示范文本)》由三部分组成,下列选项中不属于其组成内容的是(　　)。

A. 施工合同书　B. 协议书　C. 通用条款　D. 专用条款

15.《建设工程施工合同(示范文本)》的通用条款中规定了三种可选择的计价方式,以下不属于三种计价方式的是(　　)。

A. 固定价格合同　B. 可调价格合同　C. 成本加酬金合同　D. 预算包干合同

16. EPC总承包是典型和全面的工程总承包方式。签订工程总承包合同的当事人双方是(　　)。

A. 建设单位和设计单位　B. 设计单位和施工单位

C. 建设单位和总承包单位　D. 施工单位和总承包单位

17. 合同双方发生争议后,不妥的解决方式是(　　)。

A. 双方和解　B. 由第三人调解　C. 申请仲裁　D. 立即向人民法院起诉

18. 固定资产投资所形成的固定资产价值的内容包括(　　)。

A. 建筑安装工程造价,设备、工器具购置费用

B. 建筑安装工程造价,设备、工器具购置费用,工程建设其他费用和预备费

C. 设备、工器具购置费用和设备安装费

D. 建筑安装工程造价、工程建设其他费用

19. 建设项目工程造价是指(　　)。

A. 建设项目的建设投资、建设期贷款利息、固定资产投资方向调节税和流动资金的总和

B. 建设项目的建设投资、建设期贷款利息、固定资产投资方向调节税的总和

C. 建设项目的建设投资、建设期贷款利息和流动资金的总和

D. 建设项目的建设投资、固定资产投资方向调节税和流动资金的总和

20. 设备购置费的组成为(　　)。

A. 设备原价+采购保管费　B. 设备原价+运费+装卸费

C. 设备原价+运费+采购保管费　D. 设备原价+设备运杂费

21. 建筑安装工程费用中的人工费是指(　　)。

A. 施工现场所有人员的工资性费用

B. 施工现场与建筑安装施工直接有关的人员的工资性费用

C. 从事建筑安装施工的生产工人及机械操作人员开支的各项费用

D. 直接从事建筑安装工程施工的生产工人开支的各项费用支付给从事建筑安装工程施工的生产工人和附属生产单位工人的各项费用

22. 建筑安装工程费由(   )组成。

A. 人工费、材料费、施工机具使用费、企业管理费、利润、规费、税金

B. 直接费、间接费、计划利润和税金

C. 直接工程费、间接费、利润和税金

D. 直接工程费、间接费、计划利润和税金

23. 下列属于工程建设其他费用内容的是(   )。

A. 设备购置费　　B. 工具、器具及生产家具购置费

C. 建设用地费　　D. 预备费

24. 竣工验收时,为鉴定工程质量,对隐蔽工程进行必要的挖掘和修复的费用应记入(   )。

A. 企业管理费中的职工教育经费　　B. 工程建设其他费中的建设管理费

C. 价差预备费　　D. 基本预备费

25. 下列对于建设期贷款利息概念的表述正确的是(   )。

A. 建设期贷款利息是指项目建设期发生的支付银行贷款、出口信贷、债券等的借款利息和融资费用

B. 建设期贷款利息是指项目建设期发生的支付银行贷款、出口信贷的借款利息和融资费用

C. 建设期贷款利息是指项目建设期发生的支付银行贷款、债券的借款利息和融资费用

D. 建设期贷款利息是指项目建设期发生的支付银行贷款、出口信贷、债券的借款利息

26. 从工程费用计算角度分析,工程造价计价的顺序是(   )。

A. 分部分项工程单价—单位工程造价—单项工程造价—建设项目总造价

B. 分部分项工程单价—单项工程造价—单位工程造价—建设项目总造价

C. 单项工程造价—分部分项工程单价—单位工程造价—建设项目总造价

D. 建设项目总造价—单项工程造价—单位工程造价—分部分项工程单价

27. 工程造价计价按用途分类,可以分为7大类18小类,其中可行性研究资料是(   )。

A. 规范工程计价的依据

B. 计算设备数量和工程量的依据

C. 计算分部分项工程人工、材料、机械台班消耗量及费用的依据

D. 计算建筑安装工程费用的依据

28. 编制工程结算时,计算和确定一个规定计量单位的分项工程或结构构件的人工、材料、机械台班耗用量的数量标准是(   )。

A. 预算定额　　B. 施工定额　　C. 概算定额　　D. 概算指标

29. 预算定额的编制应反映(   )。

A. 社会平均水平　　B. 社会平均先进水平

C. 社会先进水平　　D. 企业实际水平

30. 材料预算价格是指材料从其来源地到达(   )的价格。

A. 工地　　B. 施工操作地点

C. 工地仓库　　D. 工地仓库堆放场地后的出库

31. 预算定额中的人工消耗指标包括(   )。

A. 基本用工和人工幅度差

B. 基本用工、辅助用工和人工幅度差

C. 基本用工、材料超运距用工、辅助用工和人工幅度差

D. 基本用工、材料超运距用工、辅助用工

32. 某施工机械预计使用8年,一次大修理费为4500元,寿命周期大修理次数为2次,耐用总台班为2000台班,则台班大修理费为(   )元。

A. 6.75　　B. 4.50　　C. 0.84　　D. 0.56

33. 建筑安装工程费用定额的编制应遵循(   )原则。

A. 统一性和差别性相结合　　B. 社会先进

C. 定性与定量相结合　　D. 以专家为主

34. 工程造价资料积累的内容应包括(   )。

A. "量"(如主要工程量、材料量、设备量等)和"价"及对造价有重要影响的技术经济条件

B. "量"(如主要工程量、材料量、设备量等)和"价"

C. "量"(如主要工程量、材料量、设备量等)及对造价有重要影响的技术经济条件

D. "价"及对造价有重要影响的技术经济条件

35. 作为设计任务书下达的投资限额是(   )。

A. 投资估算　　B. 设计概算　　C. 工程费用估算　　D. 工程费用概算

36. 已建年产1000吨某产品的化工生产系统,现采用相似生产线扩建该产品生产系统,扩建规模是原有的2倍。已知生产能力指数为0.6,综合调整系数为1.08,采用生产能力指数法估计扩建系统的静态投资要比原有生产系统多(   )。

A. 116%　　B. 63.7%　　C. 58.7%　　D. 29.6%

37. 三级概算文件编制形式的组成内容有(   )。

A. 建筑工程概算、安装工程概算、设备工器具费概算

B. 工程费用概算、工程建设其他费用概算、预备费概算

C. 建设项目总概算、单项工程综合概算、单位工程概算

D. 分部分项工程费概算、措施项目概算、其他项目概算

38. 二级概算编制形式的组成内容是指(   )。

A. 建筑工程概算、安装工程概算

B. 工程费用概算、工程建设其他费用概算

C. 总概算、单位工程概算

D. 单项工程概算、单位工程概算

39. 与单价法相比,实物量法编制施工图预算的缺点是(   )。

A. 工料消耗不清晰　　B. 人、材、机价格不能体现市场价格

C. 分项工程单价不直观　　D. 计算、统计的价格不准确

40. 先计算汇总单位工程直接工程费,再计算措施费、间接费、差价、利润和税金,后汇总单位工程预算造价的施工图预算编制方法是( )。

A. 综合单价法 B. 清单计价法 C. 工料单价法 D. 实物量法

41. 决定项目投资水平,关系到项目成败的直接因素是( )。

A. 项目建设规模 B. 技术方案 C. 设备方案 D. 建设标准

42. 施工图预算审查的主要内容不包括( )。

A. 审查工程量 B. 审查预算单价套用

C. 审查其他有关费用 D. 审查材料代用是否合理

43.《中华人民共和国招标投标法》规定,在中华人民共和国境内,工程建设项目必须进行招标的是( )。

A. 大型基础设施项目 B. 非外国政府贷款项目

C. 特定专利项目 D. 私人投资项目

44. 下列建设工程招投标程序正确的是( )。

A. 招标文件发放—资格预审—疑问解答

B. 资格预审—招标文件发放—疑问解答

C. 疑问解答—资格预审—招标文件发放

D. 招标文件发放—疑问解答—资格预审

45. 根据《中华人民共和国招标投标法》的规定,采用邀请招标的建设项目,邀请投标的单位必须在( )。

A. 二家以上 B. 三家以上 C. 四家以上 D. 五家以上

46. 根据《建设工程工程量清单计价规范》的规定,分部分项工程量清单的项目编码设置分( )。

A. 三级 B. 四级 C. 五级 D. 六级

47. 在工程量清单计价模式下,单位工程费汇总表不包括的项目是( )。

A. 措施项目清单计价合计 B. 直接费清单计价合计

C. 其他项目清单计价合计 D. 规费与税金

48. 招标控制价的管理不包括( )。

A. 招标控制价的复核 B. 招标控制价的公布和备查

C. 招标控制价的审批 D. 招标控制价的投诉与处理

49. 不属于施工投标的准备工作的是( )。

A. 研究招标文件 B. 调查投标环境 C. 计算投标报价 D. 确定投标策略

50. 在施工过程中,人工费的控制主要是通过( )来解决的。

A. 控制支出和按实签证 B. 开源节流

C. 控制支出和提高效率 D. 节省用工

51. 为了有效地控制造价,当承包方提出工程变更时,需由( )。

A. 工程师确认,发包方签发工程变更指令

B. 发包方确认,工程师签发工程变更指令

C. 工程师确认并签发工程变更指令

D. 发包方确认并签发工程变更指令

52.《建设工程价款结算暂行办法》规定,合同中只有类似于变更工程的价格,计算变更合同价款按( )执行。

A. 合同中类似的价格 B. 合同中已有的价格

C. 工程师指定的价格 D. 当地权威部门发布的指导价

53. 索赔是工程承包中经常发生的正常现象。索赔的性质属于( )。

A. 经济补偿行为 B. 经济惩罚行为

C. 维护索赔方形象 D. 维护双方合法权益

54. 根据《建设工程工程量清单计价规范》的规定,包工包料工程的预付款按合同约定拨付,原则上预付比例区间按合同金额的( )。

A. 5%~25% B. 10%~25% C. 5%~30% D. 10%~30%

55. 根据监理(业主)确认的工程量计量结果,承包商向监理(业主)提出支付工程进度款申请,监理(业主)应在( )天内向承包商支付工程进度款。

A. 7 B. 10 C. 14 D. 28

56. “动用验收”指的是( )。

A. 单位工程验收 B. 单项工程验收 C. 工程整体验收 D. 分部工程验收

57. 竣工验收报告的汇总与编制一般由( )完成。

A. 建设单位 B. 竣工验收委员会

C. 施工单位 D. 监理单位

58. 在大、中型建设项目竣工财务决算表中,属于资金来源的是( )。

A. 预付及应收款 B. 待冲基建支出

C. 应收生产单位投资借款 D. 拨付所属投资借款

59. 某建设项目由甲、乙两个单项工程组成,其工程费用如下表所示。若项目总勘察设计费为100万元,则乙工程应分摊的勘察设计费为( )万元。

(单位:万元)

单项工程	建筑工程费	安装工程费	总安装设备价值
甲	3500	500	2000
乙	1500	300	1200

A. 30.0 B. 31.0 C. 33.3 D. 37.5

60. 缺陷责任期的开始起算日期为( )。

A. 工程完工之日 B. 竣工验收申请之日

C. 竣工验收之日 D. 竣工验收后30天

二、多项选择题(共20题,每题2分,共40分。每个题的备选答案中至少有2个或2个以上是正确的,至少有1个是错误的。选错1个选项本题不得分,每选对1个选项得0.5分)

1.《中华人民共和国建筑法》中关于工程发包与承包的相关规定,以下说法中正确的有( )。

A. 承包单位应在其资质等级许可的业务范围内承揽工程
B. 实行联合共同承包的,可按联合体中资质等级较高单位的业务许可范围承揽工程
C. 承包单位可将其承包的全部建筑工程转包给有相应资质等级的其他单位
D. 总承包单位和分包单位就分包工程对建设单位承担连带责任
E. 各类建筑工程必须依法实行招标发包

2. 下列关于合同转让的论述中,正确的是(　　)。
A. 合同的转让包括债权转让、债务转移和权利义务一并转让三种情形
B. 债权人转让权利的,债权人应该通知债务人
C. 债权人转让权利的,应当经债务人同意
D. 债务人转移债务的,债务人应该通知债权人
E. 债务人转移债务的,应当经债权人同意

3. 下列关于我国工程造价咨询企业管理的论述中,错误的有(　　)。
A. 工程造价咨询企业资质等级分为甲级、乙级、丙级三个等级
B. 工程造价咨询企业的业务承接,不受行政区域的限制
C. 工程造价咨询企业承接业务时,应该与委托人签订书面工程造价咨询合同
D. 工程造价咨询企业的分支机构可以分支机构的名义承揽咨询业务
E. 工程造价咨询企业跨省区承接业务时,应该在企业所在省区的建设主管部门备案

4. 下列关于建设工程项目管理任务的论述中,正确的是(　　)。
A. 合同管理主要是指对各类合同的订立过程和履行过程的管理
B. 组织协调是实现项目目标必不可少的方法和手段
C. 目标控制的措施包括组织、技术、经济、合同等
D. 信息管理是项目目标控制的基础
E. 为了加快项目进度,环保措施可以列入后期工程实施

5. 基本建设项目按其建设性质可以划分为(　　)。

A. 新建项目　　B. 扩建项目　　C. 恢复项目
D. 环境保护项目　　E. 迁建项目

6. 项目成本分析的基本方法包括(　　)。

A. 比较法　　B. 因素分析法　　C. 差额计算法
D. 比率法　　E. 网络计划法

7. 下列关于建设工程施工专业分包合同订立的论述中,正确的有(　　)。
A. 专业分包合同的当事人是发包人和分包人
B. 专业分包合同的当事人是承包人和分包人
C. 专业分包合同与主合同的区别在于计价方式的不同
D. 专业分包合同与主合同文件约定的工期一致
E. 分包人有权充分了解其在分包合同中应履行的义务

8. 工程造价的特点主要有(　　)。

A. 大额性　　B. 单个性　　C. 静态性
D. 层次性　　E. 阶段性

9. 下列费用属于措施费的是(　　)。

A. 环境保护费　　B. 工程排污费　　C. 二次搬运费
D. 社会保障费　　E. 临时设施费

10. 投资估算指标的内容包括(　　)。

A. 建设项目综合指标　　B. 设备购置费用指标　　C. 建筑安装工程费用指标
D. 单项工程指标　　E. 单位工程指标

11. 在下列工人工作时间中,属于非定额时间的有(　　)。

A. 多余和偶然工作时间　　B. 休息时间　　C. 施工本身造成的停工时间
D. 不可避免的中断时间　　E. 违反劳动纪律的损失时间

12. 施工机械台班单价组成的内容包括(　　)。

A. 预算价格　　B. 大修理费　　C. 经常修理费
D. 安拆费及场外运输费　　E. 燃料动力费

13. 可行性研究报告的作用体现在(　　)。
A. 作为投资主体投资决策的依据
B. 作为筹集资金和向银行申请贷款的依据
C. 向当地政府或城市规划部门申请建设执照的依据
D. 作为编制施工工艺方案的依据
E. 作为项目后评价的依据

14. 下列属于项目建议书阶段编制投资估算的方法是(　　)。

A. 比例估算法　　B. 系数估算法　　C. 生产能力指数法
D. 类似项目对比法　　E. 工程量估算法

15. 由于下面哪几个原因引起的设计和投资变化,需要按照调整概算的有关程序调整概算(　　)。
A. 设计定员发生变动
B. 主要设备型号和规格发生变动
C. 贷款利息率的提高
D. 超出基本预备费规定的范围
E. 超出工程造价调整预备费

16. 属于建设工程施工招标文件的内容有(　　)。

A. 投标须知　　B. 招标文件格式　　C. 工程量清单
D. 设计图纸　　E. 评标标准和方法

17. 工程建设项目货物招标文件的组成包括(　　)。

A. 招标文件格式　　B. 合同主要条款　　C. 设计图纸
D. 工程量清单　　E. 评标标准和方法

18. 工程变更是建筑施工生产的特点之一,其变更形式包括(　　)。

A. 设计变更　　B. 施工条件变更　　C. 进度计划变更

D. 材料单价变更　　E. 合同条款变更

19. 按施工索赔的目的可分为(　　)。

A. 地质变化索赔　　B. 加速施工索赔　　C. 经济索赔

D. 道义索赔　　E. 工期索赔

20. 下列各项资料中,属于竣工验收依据的是(　　)。

A. 可行性研究报告　　B. 施工图设计文件　　C. 投标书及其附件

D. 工程承包合同文件　　E. 技术设备说明书

建设工程造价管理基础知识模拟试题(四)
参考答案

一、单项选择题

1~5:ABCAC	6~10:ABBBA	11~15:BACAD
16~20:CDBBD	21~25:DACDA	26~30:ABAAD
31~35:CBCAA	36~40:BCCCC	41~45:ADABB
46~50:CBCCA	51~55:CAADC	56~60:CABAC

二、多项多选题

1. AD	2. ABE	3. ADE	4. ABCD	5. ABCE
6. ABCD	7. BE	8. ABDE	9. ACE	10. ADE
11. ACE	12. BCDE	13. ABCE	14. ABC	15. ABDE
16. ACDE	17. ABE	18. ABC	19. CE	20. ABDE

建设工程计量与计价实务(土木建筑工程)模拟试题(一)

一、单项选择题(共15题,每题1分。每题的备选项中,只有1个最符合题意)

1.《房屋建筑与装饰工程工程量计算规范》(GB 50854—2013)实施时间是(　　)。

A. 2013年12月1日　　B. 2013年11月1日

C. 2013年7月1日　　D. 2013年10月1日

2. 根据《建设工程工程量清单计价规范》(GB 50500—2013),关于施工发承包投标报价的编制,下列做法正确的是(　　)。

A. 设计图纸与招标工程量清单项目特征描述不同的,以设计图纸特征为准

B. 暂列金额应按照招标工程量清单中列出的金额填写,不得变动

C. 材料、工程设备暂估价应按暂估单价乘以所需数量后计入其他项目费

D. 总承包服务费应按照投标人提出的协调、配合和服务项目自主报价

3. 施工招标工程量清单中,应由投标人自主报价的其他项目是(　　)。

A. 专业工程暂估价　　B. 暂列金额

C. 工程设备暂估价　　D. 计日工单价

4. 根据《建设工程工程量清单计价规范》(GB 50500—2013)中对招标控制价的相关规定,下列说法正确的是(　　)。

A. 招标控制价公布后根据需要可以上浮或下调

B. 招标人可以只公布招标控制价总价,也可以只公布单价

C. 招标控制价可以在招标文件中公布,也可以在开标时公布

D. 高于招标控制价的投标报价应被拒绝

5. 埋深大于等于(　　)m或大于等于基础宽度4倍的基础称为深基础。

A. 3　　B. 4　　C. 5　　D. 6

6. 一般桩基础按图示尺寸(　　)计算。

A. 桩长度(包括桩尖)　　B. 桩长度(不包括桩尖)

C. 桩体积(包括桩尖)　　D. 桩体积(不包括桩尖)

7. 面砖外墙面(规格60 mm×240 mm×8 mm,缝宽5 mm)100 m^2 的面砖净用量为(　　)。

A. 5714块　　B. 6279块　　C. 6410块　　D. 6667块

8. 设计为女儿墙防水时,其屋面卷材工程量按水平投影面积计算,女儿墙弯起部分高度如图纸无规定,可按(　　)mm计算。

A. 600　　B. 500　　C. 250　　D. 300

9. 按建筑面积计算规则,(　　)只计算建筑面积的1/2。

A. 有柱雨棚　　B. 伸缩缝　　C. 地下室　　D. 勒脚

10. 各种木门油漆工程量为(　　)。

A. 洞口面积　　B. 洞口面积乘系数

C. 实际刷油面积　　D. 洞口双面面积

11. 保温层工程量按(　　)计算。

A. m　　B. m^2　　C. m^3　　D. 块

12. 内墙抹灰工程量中不扣除(　　)所占面积。

A. 踢脚线　　B. 门窗洞口　　C. 墙裙　　D. 0.3 m^2 以外孔洞

13. 当混凝土墙、梁、板、柱的支模高度超过(　　)m时,应计算增加支撑费用。

A. 3　　B. 3.3　　C. 4.2　　D. 3.6

14. 工程量清单招标时,下列(　　)投标人在投标报价文件中填写的数值应该与招标人提供的一致。

A. 总承包服务费　　B. 综合单价　　C. 工程量　　D. 暂列金额

15. 竣工验收报告一般由设计、施工、监理等提供单项总结和素材,由(　　)汇总和编制。

A. 施工单位　　B. 监理单位　　C. 建设单位　　D. 设计单位

二、多项选择题(共5题,每题2分。每题的备选项中,至少2个符合题意)

1.《房屋建筑与装饰工程工程量计算规范》(GB 50854—2013)中对于沟槽、基坑、一般土方的划分,描述正确的有(　　)。

A. 底宽≤7 m且底长>3倍底宽为沟槽

B. 底宽≤3 m且底长>3倍底宽为沟槽

C. 底宽≤7 m且底长≤3倍底宽且底面积≤150 m^2 为基坑

D. 底宽≤3 m且底长≤3倍底宽且底面积≤20 m^2 为基坑

E. 超出沟槽和基坑范围的则为一般土方

2. 工程量清单计价规范要求的"四统一"包括(　　)。

A. 编码统一　　B. 计算规则统一　　C. 报价统一

D. 名称统一　　E. 计量单位统一

3. 不属于计算建筑面积的是(　　)。

A. 阳台　　B. 台阶　　C. 有柱雨棚

D. 楼梯间　　E. 勒脚

4. 混凝土的和易性主要表现在(　　)。

A. 耐水性　　B. 抗冻性　　C. 保水性

D. 流动性　　E. 黏聚性

5. 依据《河南省房屋建筑和装饰工程预算定额》(HA01-31—2016),安全文明施工费内容包含(　　)。

A. 扬尘污染防治增加费　　B. 环境保护费　　C. 文明施工费

D. 安全施工费　　E. 临时设施费

三、案例分析题(共 3 题,每题 25 分,计算结果保留两位小数)

案例一:

某现浇钢筋混凝土带形基础、独立基础的尺寸如下图所示。混凝土垫层强度等级为 C15,混凝土基础强度等级为 C20。

问题:

1. 根据《建设工程工程量清单计价规范》(GB 50500—2013)和《河南省房屋建筑与装饰工程预算定额》(HA01-31—2016)列制清单项目名称、项目编码,以及定额项目名称、定额子目。

2. 列式计算混凝土垫层、独立基础及条形基础的工程量。

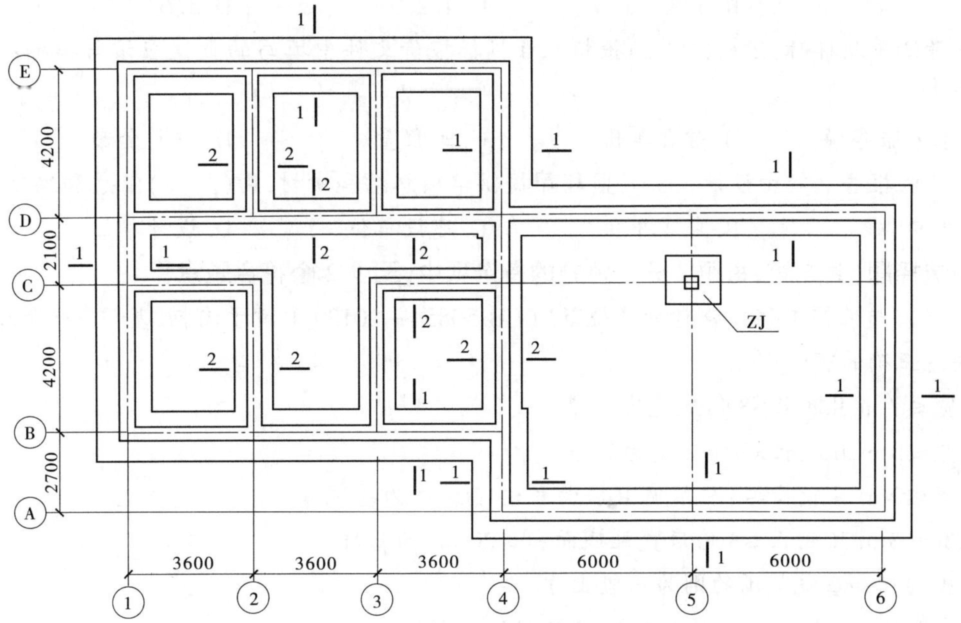

案例二:

某平屋面顶如下图所示,室内外高差 450 mm,檐高标高 8.0 m,女儿墙高 900 mm。屋面做法:1∶6 水泥炉渣找坡,最薄处 70 mm,上铺加气混凝土,厚 100 mm,水泥砂浆找平,厚 20 mm,SBS 改性沥青卷材防水,100UPVC 落水管,100UPVC 出水口(带女儿墙),计算屋面工程量。

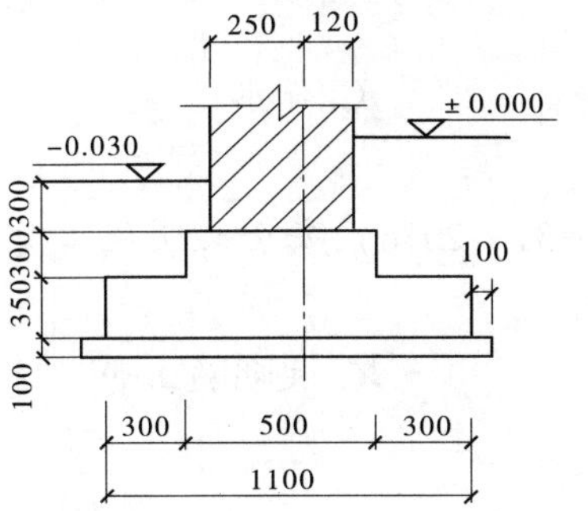

1—1

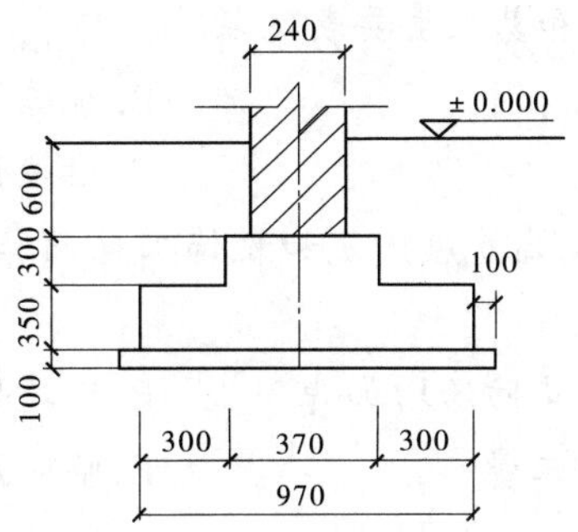

2—2

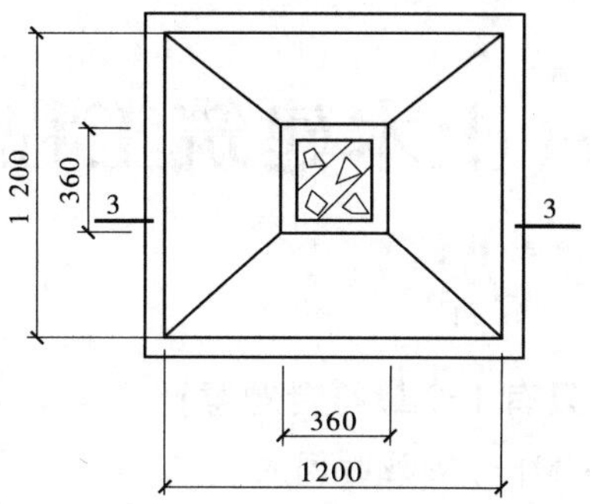

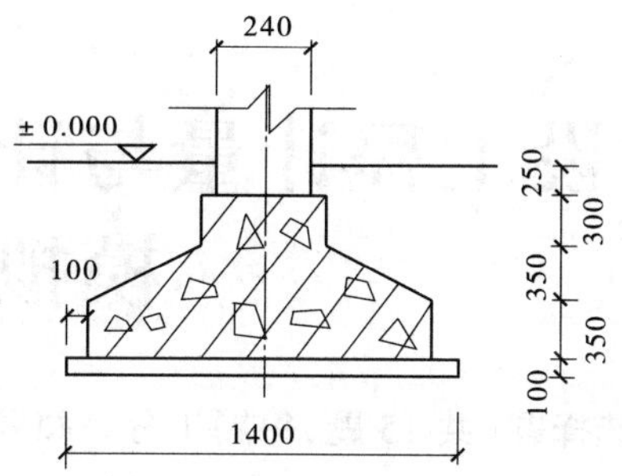

3—3

ZJ

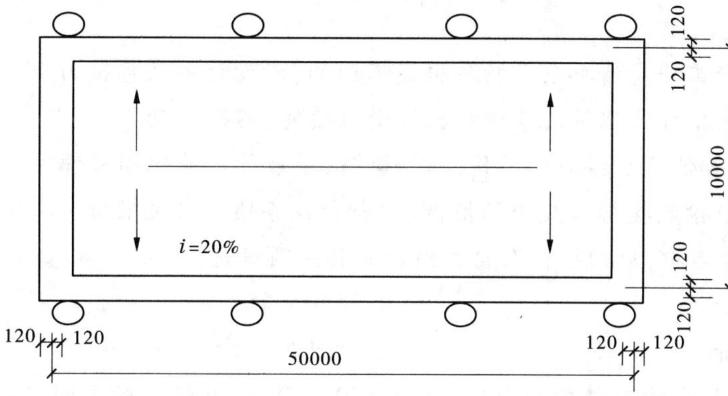

案例三:

某工程主体结构如下图所示,计算出柱、梁、板的混凝土工程量。

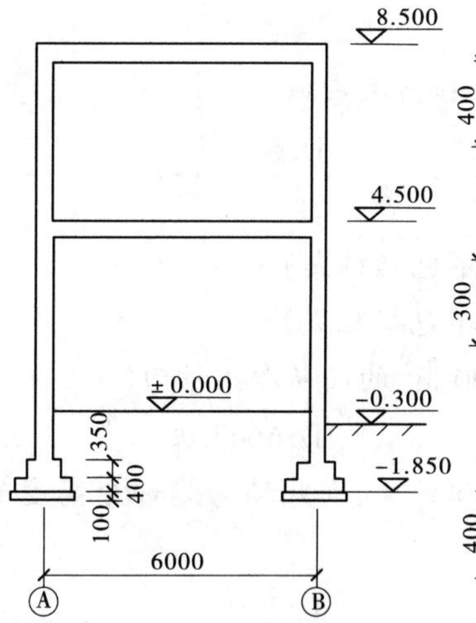

KJ

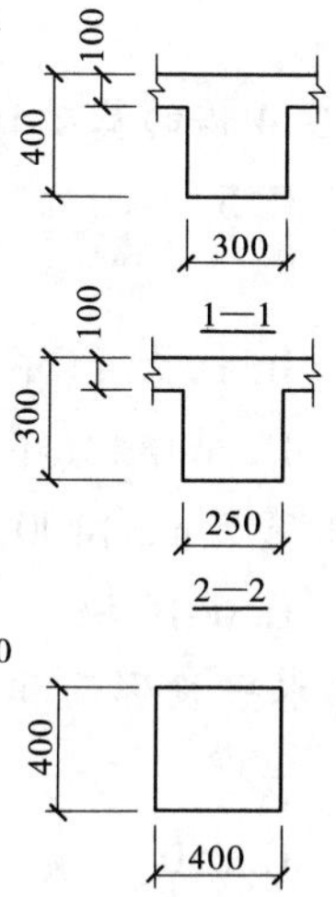

KZ1

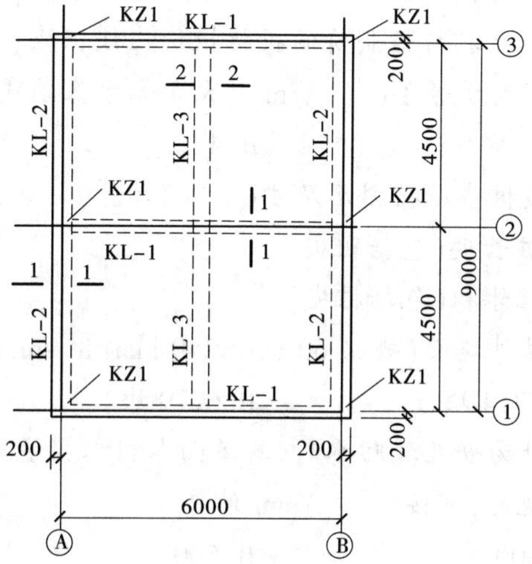

建设工程计量与计价实务(土木建筑工程)模拟试题(一)参考答案

一、单项选择题

1. C　2. D　3. D　4. D　5. C
6. C　7. B　8. B　9. A　10. A
11. B　12. A　13. D　14. C　15. C

二、多项选择题

1. AE　2. ABDE　3. BE　4. CDE　5. ABCDE

三、案例分析题

案例一:

1. 垫层

清单编码:010501001

定额编号:5-1

(1)工程量计算:

1—1

$V^1=[(3.6\times3+6\times2)\times2+(2.7+4.2+2.1+4.2+4.2+2.1+4.2+2.7)]\times0.1\times1.3=9.36(m^3)$

2—2

$V^2=[(3.6\times3-1.3)+(4.2+3.6-0.65-0.585)\times2+(4.2-0.65-0.585)\times2+(4.2+2.1-1.3)]\times1.17\times0.1=3.93(m^3)$

3—3

$V^3=1.4\times1.4\times0.1=0.196(m^3)$

V总$=v_1+v_2+v_3=9.36+3.93+0.196=13.49(m^3)$

2. 条形基础及独立基础

清单编码:010501002　010501003

定额编号:5-3　5-5

(1)断面面积:$F=B\times h_1+b\times h_2$

$F_{1-1}=1.1\times0.35+0.5\times0.3=0.535(m^2)$

$F_{2-2}=0.97\times0.35+0.3\times0.37=0.450\,5(m^2)$

$L_{1-1}=(3.6\times3+6\times2)\times2+(2.7+4.2+2.1+4.2)\times2=72(m)$

(2)搭接部分

2 搭 1 应减长度:$1.1/2+(0.37/2-0.12)=0.485(m)$

2 搭 2 应减长度:$0.97/2=0.485(m)$

$L_{2-2}=(3.6\times3-0.485\times2)+(4.2-0.485-0.485)\times2+(3.6+4.2-0.485\times2)\times2+4.2+2.1-0.485\times2$

$=35.28(m)$

$V_{1-1}=0.3\times0.37\times0.3\times9=0.2997(m^3)$

$V_{2-2}=0.3\times0.3\times0.37\times3=0.0999(m^3)$

$V_{条}=F_{1-1}\times L_{1-1}+F_{2-2}\times L_{2-2}+V_{搭}$

$=0.535\times72+0.450\,5\times35.28+0.299\,7+0.099\,9=54.81(m^3)$

(3)$V_{独}=1.2\times0.35\times1.2+0.35\times(1.2\times1.2+0.36\times0.36+\sqrt{1.2\times1.2\times0.36\times0.36})/3=0.7764(m^3)$

案例二:

(1)水泥焦渣 2%找坡　最低 70 mm

工程量$=(50-0.24)\times(10-0.24)\times(9.76/4\times0.02+0.07)=57.70(m^3)$

(2)加气混凝土块保温 100 mm 厚

$V=49.76\times9.76\times0.1=48.57(m^3)$

(3)20 mm 厚水泥砂浆找平层　平面

工程量$=49.76\times9.76=485.66(m^2)$

20 mm 厚水泥砂浆找平层　立面

工程量$=(49.76+9.76)\times2\times0.5=59.52(m^2)$

(4)SBS 改性沥青卷材防水　平面

工程量$=49.76\times9.76=485.66(m^2)$

SBS 改性沥青卷材防水　立面

工程量$=(49.76+9.76)\times2\times0.5=59.52(m^2)$

(5)100UPVC 落水管

工程量$=8\times(8+0.45)=67.6(m)$

(6)100UPVC 落水口

工程量=8 个

案例三:

(1)框架柱 KZ1

$V=0.4\times0.4\times[(1.85-0.4-0.35)+8.5]\times6=9.216(m^3)$

(2)有梁板

梁

KL1:$V^1=0.3\times0.3\times(6-0.2\times2)\times3\times2=3.024(m^3)$

KL2:$V^2=0.3\times0.3\times(4.5-0.2\times2)\times4\times2=2.952(m^3)$

KL3:$V^3=0.25\times0.2\times(4.5-0.1-0.15)\times2\times2=0.85(m^3)$

板

$V=0.1\times6.4\times9.4\times2=12.032(m^3)$

$V_{总}=3.024+2.952+0.85+12.032=18.86(m^3)$

建设工程计量与计价实务(土木建筑工程)模拟试题(二)

一、单项选择题(共15题,每题1分。每题的备选项中,只有1个最符合题意)

1.《建设工程工程量清单计价规范》(GB 50500—2013)规定,建设工程发承包及实施阶段的计价活动应遵循客观、公正、(　　)的原则。

A. 针对　B. 质量　C. 平均　D. 公平

2.《房屋建筑与装饰工程工程量计算规范》(GB 50854—2013)规定,房屋建筑与装饰工程计价,(　　)按本规范规定的工程量计算规则进行工程计量。

A. 必须　B. 应该　C. 适宜　D. 可以

3. 分部分项工程量清单必须根据相关工程现行国家计量规范规定的(　　)、项目名称、项目特征、计量单位和工程量计算规则进行编制。

A. 计算单位　B. 计算规则　C. 项目费用　D. 项目编码

4. 依据《建设工程工程量清单计价规范》(GB 50500—2013),招标工程量清单的准确性和完整性应由(　　)负责。

A. 编制人　B. 复核人　C. 招标人　D. 投标人

5. 民用住宅中高层建筑一般为(　　)。

A. 4~6层　B. 7~9层　C. 10~30层　D. 30层以上

6. 柔性基础断面可做成锥形,最薄处高度不小于(　　)mm。

A. 300　B. 200　C. 150　D. 350

7. 场地平整是建筑物所在现场厚度在(　　)mm以内的就地挖填找平。

A. ±30　B. +300　C. -300　D. ±300

8. 台阶与平台的分界线取至(　　)。

A. 台阶最上一层踏步　B. 台阶最上一层踏步外沿300 mm

C. 台阶最上一层踏步外沿280 mm　D. 外墙外皮

9. 下列工程量计算中不扣除门窗洞口面积的是(　　)。

A. 砌体体积　B. 加浆勾缝　C. 墙面抹灰　D. 单排外脚手架

10. 踢脚线工程量计算时,门洞口侧壁的面积(　　)。

A. 计算　B. 不计算

C. 块料面层时计算　D. 整体面层时计算

11. 建筑物的变形缝(　　)建筑面积。

A. 需要视具体情况确定是否计算　B. 不计算

C. 分层按其缝宽的一半面积计算　D. 分层按其缝宽的面积计算

12. 施工混凝土基础垫层(支模板)时其单面工作面宽度是(　　)mm。

A. 200　B. 250　C. 400　D. 150

13. 依据《河南省房屋建筑和装饰工程预算定额》(HA 01-31—2016)的规定,砖基础工程量计算时(　　)嵌入基础内的墙基砂浆防潮层。

A. 应扣除　B. 不扣除　C. 另计算　D. 不另计算

14. 工程量清单计价采用综合单价计价法,考虑我国的现实情况,综合单价不包括(　　)。

A. 人工费、材料费、机械费　B. 风险因素增加的费用

C. 施工管理费　D. 规费和税金

15. 工程定额按(　　)分类,可以划分为劳动消耗定额、机械消耗定额和材料消耗定额三种。

A. 专业　B. 定额的编制程序和用途

C. 定额反映的生产要素消耗内容　D. 定额的计算方法

二、多项选择题(共5题,每题2分。每题的备选项中,至少2个符合题意)

1. 工程量清单项目的编码,应采用十二位阿拉伯数字表示,下列对第一、二位数字代表含义描述正确的有(　　)。

A. 02代表市政工程　B. 01代表房屋建筑与装饰工程

C. 03代表仿古建筑工程　D. 05代表园林绿化工程

E. 06代表矿山工程

2. 依据地域、自然环境、屋面材料及承重结构不同,屋顶类型可分为(　　)。

A. 平屋顶　B. 坡屋顶　C. 曲面屋顶

D. 瓦屋顶　E. 保温屋面

3. 常用的建筑钢材用钢可分为(　　)。

A. 型钢　B. 钢筋混凝土　C. 钢结构

D. 建筑装饰　E. 角钢

4. 以下属于填土压实方法的是(　　)。

A. 碾压法　B. 边坡支护　C. 夯实法

D. 振动压实法　E. 井点降水

5. 不属于计算建筑面积的是(　　)。

A. 勒脚　B. 台阶　C. 装饰性幕墙

D. 阳台　E. 露天游泳池

三、案例分析题(共3题,每题25分,计算结果保留两位小数)

案例一:

某工程桩基础有泥浆护壁回旋钻孔灌注桩共36根。设计桩长18 m,桩顶距自然地面5 m,桩径0.8 m,混凝土强度等级为C30(40);每根桩钢筋笼设计质量为圆钢48 kg、带肋钢筋400 kg,砖砌泥浆池38 m^3,泥浆外运5 km。试计算该桩基础工程定额子目及工程量。

案例二:

某平屋面屋面做法如下图所示,女儿墙高500 mm,试计算屋面工程量。

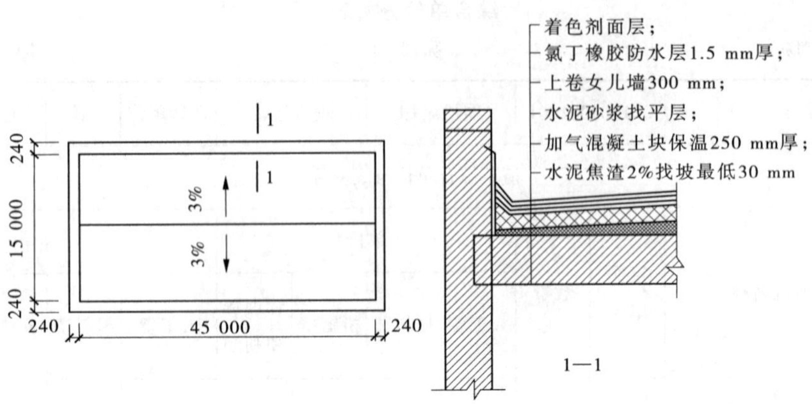

案例三:

某现浇框架结构商场,地上5层,地下1层,层高均为3.6 m,每层建筑面积为4800 m^2,采用塔式起重机施工,试计算垂直运输的清单及综合单价分析。

建设工程计量与计价实务(土木建筑工程)模拟试题(二)参考答案

一、单项选择题

1. D	2. A	3. D	4. C	5. C
6. B	7. D	8. B	9. D	10. B
11. D	12. D	13. B	14. D	15. C

二、多项选择题

1. BDE	2. ABC	3. BCD	4. ACD	5. ABC

三、案例分析题

案例一:

(1)(3-83)　灌注混凝土

V=3.14×0.4×0.4×(18+0.5)×36=334.60(m^3)

(2)(3-47)　回旋钻成孔

V=3.14×0.4×0.4×(18+5)×36=415.99(m^3)

(3)(5-122)　钢筋笼制作 灌注桩圆钢

工程量=0.048×36=1.728(t)

(5-123)钢筋笼制作 灌注桩带肋钢筋

工程量=0.4×36=14.40(t)

(4)(4-35)　泥浆池制作

工程量=38 m^3

(5)(1-68)+(1-69)×4　　泥浆外运

工程量=415.99 m^3

案例二:

(1)水泥焦渣2%找坡　最低30 mm

工程量=(45×15)×(15/4×0.03+0.03)=45.56(m^3)

(2)加气混凝土块保温250 mm厚

V=45×15×0.25=168.75(m^3)

(3)水泥砂浆找平层　平面

工程量=45×15=675(m^2)

水泥砂浆找平层　立面

工程量=(45+15)×2×0.25=30(m^2)

(4)氯丁橡胶防水层1.5 mm厚　平面

工程量=45×15=675(m^2)

氯丁橡胶防水层 1.5 mm 厚　立面

工程量 = (45+15)×2×0.25 = 30(m²)

(5)着色剂面层

工程量 = 45×15+(45+15)×2×0.25 = 705(m²)

案例三:

工程量 = 4800×6 = 28800(m²)

分部分项工程清单与计价表

工程名称:某商场　　　　标段:　　　　第 1 页　共 1 页

序号	项目编码	项目名称	项目特征描述	计量单位	工程量	金额(元)		
						综合单价	合价	其中：暂估价
		整个项目					874656	
1	011703001001	垂直运输	1. 建筑物建筑类型及结构形式:现浇框架结构 2. 地下室建筑面积:4800 m² 3. 建筑物檐口高度、层数:18 m,5 层	m²	28800	30.37	874656	

综合单价分析表

工程名称:某商场　　　　标段:　　　　第 1 页　共 1 页

项目编码	011703001001	项目名称	垂直运输	计量单位	m²	工程量	28 800				
清单综合单价组成明细											
定额编号	定额项目名称	定额单位	数量	单价				合价			
				人工费	材料费	机械费	管理费和利润	人工费	材料费	机械费	管理费和利润
17-79	垂直运输 20 m(6 层)以内塔式起重机施工现浇框架	100 m²	0.01	241.61		2195.07	600.12	2.42		21.95	6
人工单价		小计						2.42		21.95	6
普工 87.1 元/工日; 一般技工 134 元/工日		未计价材料费									
清单项目综合单价								30.37			
材料费明细	主要材料名称、规格、型号				单位	数量		单价(元)	合价(元)	暂估单价(元)	暂估合价(元)

注:基期人工费指数:1.37;2019 年 1~6 月发布期指数:1.113。

建设工程计量与计价实务(土木建筑工程)模拟试题(三)

一、单项选择题(共15题,每题1分。每题的备选项中,只有1个最符合题意)

1.《建设工程工程量清单计价规范》(GB 50500—2013)规定,使用国有资金投资的建设工程发承包,(　　)使用工程量清单计价。

A. 宜　　B. 必须　　C. 可以　　D. 不得

2.《建设工程工程量清单计价规范》(GB 50500—2013)规定,投标报价不得低于(　　)。

A. 招标控制价　　B. 结算价　　C. 工程成本　　D. 工程收入

3.《建设工程工程量清单计价规范》(GB 50500—2013)规定,安全文明施工措施费由(　　)承担,不得以任何形式扣减这部分费用。

A. 发包人　　B. 承包人　　C. 监理人　　D. 个人

4. 依据《建设工程工程量清单计价规范》(GB 50500—2013),发包人应该在合同约定的(　　)终止后,将剩余的质量保证金返还给承包人。

A. 质量保修期　　B. 缺陷责任期　　C. 合同工期　　D. 竣工验收期

5. 当圈梁遇到洞口不能保持封闭时,应在洞口上部设置附加梁,其搭接长度一般不能少于1 m或大于两梁高差的(　　)。

A. 1倍　　B. 2倍　　C. 3倍　　D. 4倍

6. 洞口宽度超过(　　)mm的洞口上部,应设置过梁。

A. 100　　B. 200　　C. 300　　D. 400

7. 平屋顶是指屋面坡度在(　　)以下的屋顶,最常用的排水坡度为2%~3%。

A. 2%　　B. 3%　　C. 5%　　D. 10%

8. (　　)是从水泥加水拌和起,至水泥浆完全失去塑性并开始产生强度所需的时间。

A. 初凝时间　　B. 终凝时间　　C. 细度　　D. 水化热

9. 在做涂膜防水时,防水层必须翻到墙面并做到离地面(　　)处,施工中按规定要求操作,这样才能起到良好的楼层间防渗漏作用。

A. 100 mm　　B. 120 mm　　C. 150 mm　　D. 180 mm

10. 单位建筑面积的工程造价表达式为(　　)。

A. 单位建筑面积的工程造价=工程造价/建筑面积

B. 单位建筑面积的工程造价=工程造价/辅助面积

C. 单位建筑面积的工程造价=工程造价/使用面积

D. 单位建筑面积的工程造价=工程造价/结构面积

11. 有顶盖无围护结构的车棚,应(　　)建筑面积。

A. 按其顶盖水平投影面积的1/2计算　　B. 按其顶盖水平投影面积计算

C. 不计算　　D. 按其结构面积计算

12. 骑楼、过街楼底层的开放公共空间的建筑通道(　　)。

A. 按其水平投影面积计算建筑面积

B. 按其水平投影面积的1/2计算建筑面积

C. 不计算建筑面积

D. 按其结构面积计算建筑面积

13. 依据《河南省房屋建筑和装饰工程预算定额》(HA 01-31—2016)的规定,混凝土基础(支模板)施工计算时每面增加工作面宽度(　　)mm。

A. 200　　B. 250　　C. 400　　D. 150

14. 依据《河南省房屋建筑和装饰工程预算定额》(HA 01-31—2016)的规定,圆弧形带形基础模板执行带形基础相应项目,人工、材料、机械乘以系数(　　)。

A. 1.10　　B. 1.12　　C. 1.13　　D. 1.15

15. 依据《河南省房屋建筑和装饰工程预算定额》(HA 01-31—2016)的规定,钢管柱上的节点板、加强环、内衬板(管)、牛腿等(　　)。

A. 并入钢管柱的质量内　　B. 不并入钢管柱的质量内

C. 不计算质量　　D. 单独计算其质量

二、多项选择题(共5题,每题2分。每题的备选项中,至少2个符合题意)

1. 基础按构造方式可分为(　　)。

A. 条形基础　　B. 独立基础　　C. 满堂基础

D. 筏板基础　　E. 桩承台基础

2. 勒脚是指外墙与室外地坪接近的部分,它的作用是(　　)。

A. 防止地面水、屋檐滴下的雨水对墙面的侵蚀

B. 保护墙面　　C. 保证室内干燥

D. 提高建筑物的耐久性　　E. 美化建筑外观

3. 钢筋混凝土楼梯按施工方法不同,主要有(　　)。

A. 现浇整体式　　B. 预制装配式　　C. 板式

D. 梁式　　E. 强承式

4. 混凝土的和易性是一项综合技术指标,包括(　　)三个主要方面。

A. 流动性　　B. 黏聚性　　C. 保水性

D. 细度　　E. 体积安定性

5. 钢筋的连接方法有(　　)。

A. 闪光对焊　　B. 电弧焊　　C. 焊接连接

D. 绑扎连接　　E. 机械连接

三、案例分析题(共3题,每题25分,计算结果保留两位小数)

案例一:

某建筑物的基础图如下,图中轴线为墙中心线,墙体为普通黏土实心一砖墙,室外地面标高为-0.2 m,室外地坪以下埋设的基础体积为 22.23 m^3,求该基础机械挖地槽、回填土的工程量(Ⅲ类干土)。

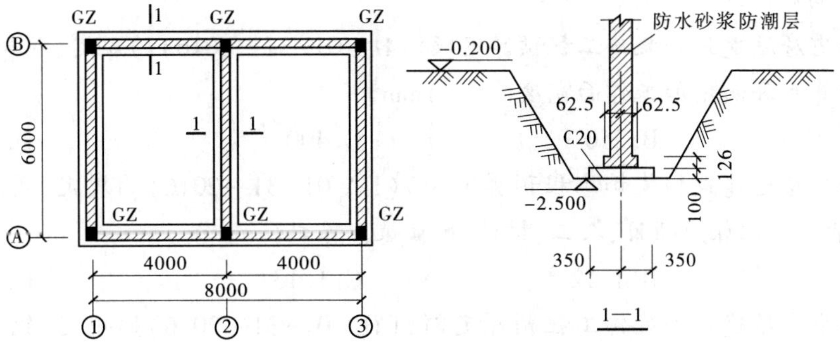

案例二:

某建筑物的基础图如下,图中轴线为墙中心线,墙体为普通黏土实心一砖墙,室外地面标高为-0.3 m,计算该基础垫层、独立基础、柱子的工程量,并列出工程量清单及定额子目(Ⅲ类干土)。

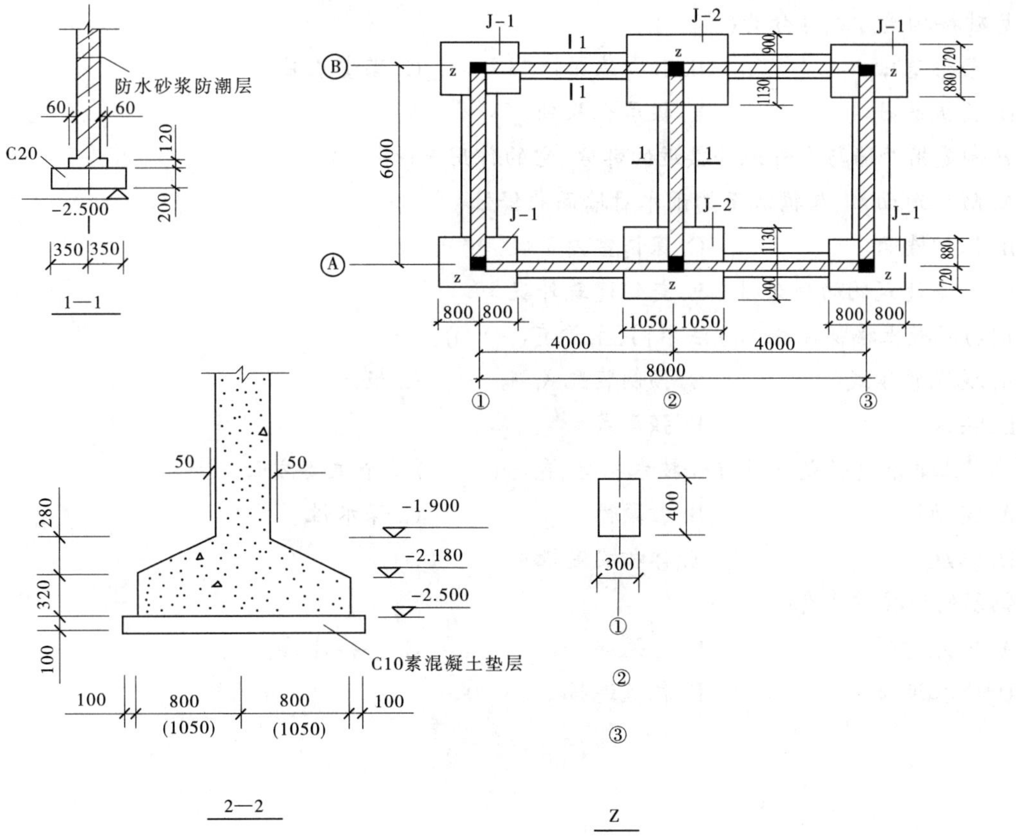

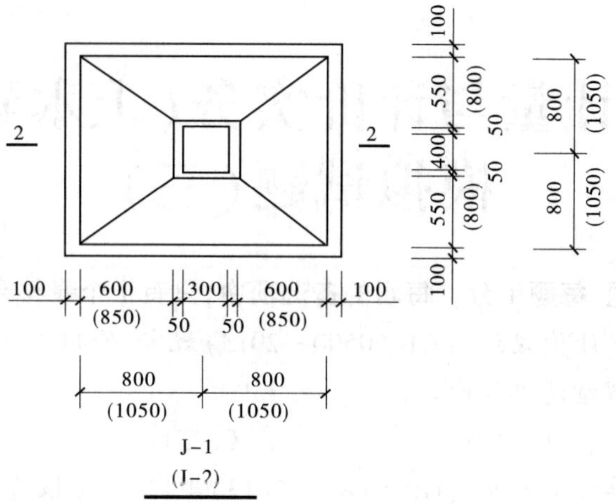

案例三:

如图所示单层建筑,内外墙用M5混合砂浆砌筑。假设外墙中圈梁、过梁体积为 1.2 m^3,门窗面积为 16.98 m^2;内墙中圈梁、过梁体积为 0.2 m^3,门窗面积为 1.8 m^2。屋面板为 120 mm 厚 C20 钢筋混凝土现浇板,板下有钢筋混凝土圈梁,顶棚抹灰厚 10 mm,内外墙轴线均居于墙中,试计算砖墙砌体工程量。

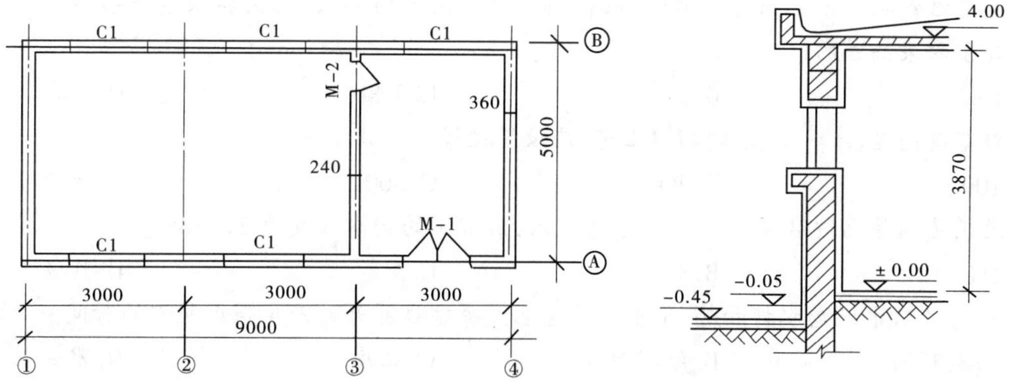

建设工程计量与计价实务(土木建筑工程)
模拟试题(三)参考答案

一、单项选择题

1. B	2. C	3. A	4. B	5. B
6. C	7. D	8. B	9. C	10. A
11. A	12. C	13. C	14. D	15. A

二、多项选择题

1. ABCDE	2. ABCDE	3. AB	4. ABC	5. CDE

三、案例分析题

案例一:

(1) $h=2.5-0.2=2.3(m)>1.5\ m$

放坡 $C=150\quad K=0.33$

开挖上部宽度 $B=a+2c+2kh=0.7+2\times0.15+2\times0.33\times2.3=2.518(m)$

开挖下部宽度 $b=a+2c=0.7+2\times0.15=1.0(m)$

$S=(B+b)\times h/2=(2.518+1.0)\times2.3/2=4.0457(m^2)$

$L_{外}=(8+6)\times2=28(m)$

$L_{内}=6-1=5(m)$

$V=4.0457\times(28+5)=133.51(m^3)$

(2) 回填土:$V=133.51-22.23=111.28(m^3)$

案例二:

(1) 垫层　5-1

柱子:J-1:$V_1=(0.8\times2+0.2)\times(0.72+0.88+0.2)\times0.1\times4=1.296(m^3)$

J-2:$V_2=(1.05\times2+0.2)\times(0.97+1.13+0.2)\times0.1\times2=1.058(m^3)$

条基:$V_3=[(8-0.9\times2-2.3)+(6-0.98\times2)]\times0.7\times0.2\times2=2.223(m^3)$

合计 $V=V_1+V_2+V_3=1.296+1.058+2.223=4.58(m^3)$

(2) 独立基础　5-5

J-1:

$V_1=[1.6\times1.6+(1.6+0.4)\times(1.6+0.5)+0.4\times0.5]\times0.28/6\times4+1.6\times1.6\times0.28\times4$

$=4.166(m^3)$

$V_2=1.6\times1.6\times0.32\times4=3.277(m^3)$

J-2:

$V_3=[2.1\times2.1+(2.1+0.4)\times(2.1+0.5)+0.4\times0.5]\times0.28/6\times2+2.1\times2.1\times0.28\times2$

$=3.507(m^3)$

$V_4=2.1\times2.1\times0.32\times2=2.822(m^3)$

合计 $V=V_1+V_2+V_3+V_4=4.166+3.277+3.507+2.822=13.74(m^3)$

(3) 柱子　5-11

$V=0.3\times0.4\times1.9\times6=1.368(m^3)$

案例三:

解:

1. 外墙长:$L=(5.00+9.00)\times2=28(m)$
2. 内墙净长:$L=(5.00-0.36)=4.64(m)$
3. 墙高 h:由于该建筑为平屋面,内墙高度为 $3.88\times(4.0-0.12)m$,外墙高度为 4.0(含圈梁)m。
4. 墙体体积合计为 $37.17\ m^3$。

(1) 外墙砖砌体体积=外墙砖砌体面积×墙厚

=(外墙面积-门窗洞口面积)×墙厚-圈、过梁体积

$=95.02\times0.365-1.2$

$=33.48(m^3)$

(2) 内墙砖砌体体积=外墙砖砌体面积×墙厚

=(内墙面积-门洞口面积)×墙厚-圈、过梁体积

$=(3.88\times4.64-1.8)\times0.24-1.2$

$=16.20\times0.24-1.2$

$=3.69(m^3)$

建设工程计量与计价实务(土木建筑工程)模拟试题(四)

一、单项选择题(共15题,每题1分。每题的备选项中,只有1个最符合题意)

1.《建设工程工程量清单计价规范》(GB 50500—2013)规定,工程量清单表项目编码中第四位为(　　)码。

A. 专业工程　B. 附录分类
C. 分部工程　D. 分项工程

2. 依据《建设工程工程量清单计价规范》(GB 50500—2013)的规定,对工程量清单概念表述不正确的是(　　)。

A. 工程量清单是包括工程数量的明细清单
B. 工程量清单是包括工程数量的相应单价
C. 工程量清单由招标人提供
D. 工程量清单是招标文件的一部分

3. 依据《建设工程工程量清单计价规范》(GB 50500—2013)的规定,分析工程量清单综合单价的内容有(　　)。

A. 人材机费、间接费、利润、风险费、税金
B. 人材机费、管理费、利润、风险费
C. 人材机费、管理费、风险费
D. 人材机费、管理费、规费、利润、税金

4. 砖砌台阶应按零星砌砖编码列项,其工程量可按(　　)计算。

A. 实砌体积　B. 面积　C. 长度　D. 水平投影面积

5. 埋深大于等于(　　)m或大于等于基础宽度4倍的基础称为深基础。

A. 3　B. 4　C. 5　D. 6

6. 当圈梁遇到洞口不能保持封闭时,应在洞口上部设置附加梁,其搭接长度一般不能少于1 m或大于两梁高差的(　　)。

A. 1倍　B. 2倍　C. 3倍　D. 4倍

7.(　　)是从水泥加水拌和起,至水泥浆开始失去塑性所需的时间。

A. 初凝时间　B. 终凝时间　C. 细度　D. 水化热

8. 依据《河南省房屋建筑和装饰工程预算定额》(HA 01-31—2016)的规定,空调板执行(　　)子目。

A. 悬挑板　B. 有梁板　C. 无梁板　D. 平板

9. 依据《河南省房屋建筑和装饰工程预算定额》(HA 01-31—2016)的规定,小型构件是指单件体积在(　　)以内且本节未列项目的小型构件。

A. 0.1 m^3　B. 0.2 m^3　C. 0.3 m^3　D. 0.4 m^3

10. 依据《河南省房屋建筑和装饰工程预算定额》(HA 01-31—2016)的规定,综合脚手架中包括外墙砌筑及外墙粉饰、(　　)及混凝土浇捣用脚手架以及内墙面和天棚粉饰脚手架。

A. 3.6 m以上的内墙砌筑　B. 3.6 m以内的内墙砌筑
C. 浇筑柱脚手架　D. 浇筑梁脚手架

11. 依据《河南省房屋建筑和装饰工程预算定额》(HA 01-31—2016)的规定,建筑物超高增加人工、机械定额适用于单层建筑物檐口高度超过20 m,多层建筑物(　　)的项目。

A. 超过6层　B. 超过8层　C. 超过10层　D. 超过12层

12. 露天游泳池、花架、屋顶的水箱及装饰性结构构件(　　)。

A. 按其水平投影面积计算建筑面积
B. 按其水平投影面积的1/2计算建筑面积
C. 不计算建筑面积
D. 按其结构面积计算建筑面积

13. 设在建筑物顶部的,有维护结构的楼梯间、水箱间、电视机房等,结构层高在2.2 m以下的(　　)。

A. 应计算全面积　B. 应计算1/2面积
C. 不计算面积　D. 应按其水平投影计算面积

14. 形成建筑空间的坡屋顶,结构净高在(　　)及以上的部位应计算全面积。

A. 2.0 m　B. 2.1 m　C. 2.2 m　D. 2.5 m

15. 建筑物的室内楼梯、电梯井、提物井、管道井、通风排气竖井、烟道,应(　　)建筑面积。

A. 并入建筑物的自然层计算　B. 单独计算
C. 不计算　D. 并入建筑物的自然层计算1/2

二、多项选择题(共5题,每题2分。每题的备选项中,至少2个符合题意)

1. 卷材防水层一般用(　　)等来进行铺粘。

A. 满粘法　B. 点粘法　C. 条粘法
D. 空铺法　E. 拼接法

2. 平法标准图集内容包括两个主要部分:(　　)。

A. 平法制图规则　B. 标准构造详图　C. 减少图纸数量
D. 实现平面表示,整体标注　E. 施工图简化

3. 混凝土预制桩的沉桩方法有(　　)。

A. 锤击法　B. 静力压桩机　C. 振动法
D. 水冲法　E. 单打法

4. 混凝土根据塌落度的大小,通常被分为(　　)混凝土四类。

A. 干硬性　B. 塑性　C. 流动性
D. 大流动性　E. 体积安定性

5. 钢筋的电弧焊接头形式有(　　)。

A. 搭接焊接头　B. 帮条焊接头　C. 剖口焊接头

D. 熔槽帮条焊接头　　E. 窄间隙焊

三、案例分析题(共3题,每题25分,计算结果保留两位小数)

案例一:

试确定下列各条件下的人工挖沟槽定额基价。

(1)开挖深度2.50 m,二类土,干土;

(2)开挖深度2.50 m,二类土,湿土;

(3)开挖深度6.50 m,二类土,干土;

(4)开挖深度7.50 m,二类土,湿土。

案例二:

如下图所示某一层三类建筑楼层结构图,层高4.8 m,轴线为梁(墙)中,混凝土为C25,板厚100 mm,钢筋和粉刷不考虑,采用复合模板钢支撑,计算现浇混凝土梁板和圈梁的混凝土工程量、模板工程量及相关定额子目。

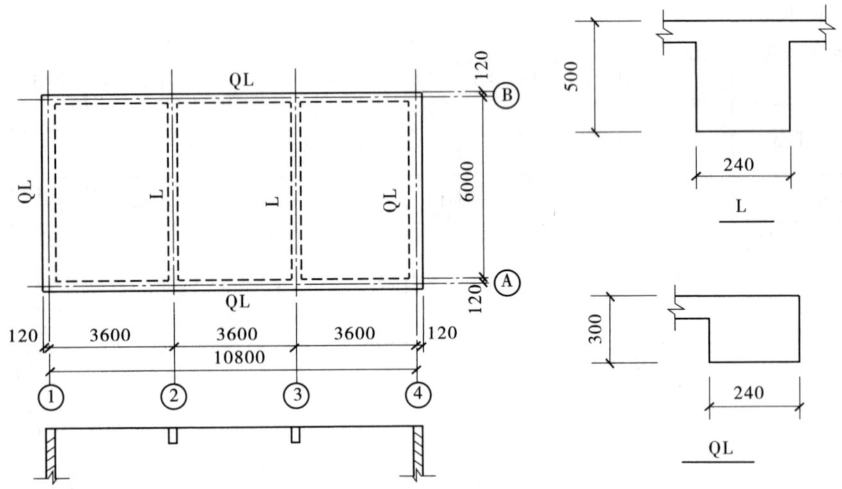

案例三:

某框架结构办公楼大厅净高6.8 m,净面积300 m^2,试计算相应脚手架的综合单价。

建设工程计量与计价实务(土木建筑工程)模拟试题(四)参考答案

一、单项选择题

1. B	2. B	3. D	4. D	5. C
6. B	7. A	8. A	9. A	10. B
11. A	12. C	13. B	14. B	15. A

二、多项选择题

1. ABCD	2. AB	3. ABCD	4. ABCD	5. ABCDE

三、案例分析题

案例一:

(1)1-10 = 447.92 元/10 m^3

(2)(1-10)换 = (1-10)+人工费×(1.18-1)

=(447.92+289.17×0.18)元/10 m^3=499.98 元/10 m^3

(3)(1-10)换=(1-10)+人工费×(1.25-1)

=(447.92+289.17×0.25)元/10 m^3=520.21 元/10 m^3

(4)(1-10)换=(1-10)+人工费×($1.18×1.25^2-1$)

=(447.92+289.17×0.84)元/10 m^3=690.82 元/10 m^3

案例二:

圈梁:

$V=0.24×(0.3-0.1)×(10.8+6.0)×2=0.24×0.2×16.8×2=1.61(m^3)$

梁:

$V_1=0.24×0.4×(6-0.24)×2=1.11(m^3)$

板:

$V_2=(10.8+0.24)×(6+0.24)×0.1=6.89(m^3)$

平板:

$V=V_1+V_2=1.11+6.89=8.00(m^3)$

圈梁模板:

$S=(0.2+0.3)×(10.8+6)×2=16.80(m^2)$

梁模板:

$S=0.4×2×(6-0.24)×2=9.22(m^2)$

板模板:

$S=(10.8+0.24)×(6+0.24)=68.89(m^2)$

扣减-(10.8+0.24)×0.24×2+6.24×0.24×2=8.29(m^2)

平板模板:

$S=9.22+68.89-8.29=69.82(m^2)$

工程预算表

序号	编号	名称	单位	工程量	单价	合价	其中 人工合价	材料合价	机械合价	管理费合价	利润合价	安文费合价	其他措施合价	规费合价	综合工日 含量	合计
1	5-19 H80210557 80210559	现浇混凝土 圈梁 换为【预拌混凝土 C25】	10 m³	0.161	4354.13	701.01	146.39	434.7		48.77	27.72	16.09	7.4	19.94	8.84	1.4232
2	5-32 H80210557 80210559	现浇混凝土 平板 换为【预拌混凝土 C25】	10 m³	0.8	3411.68	2729.34	289.1	2201.09	2.55	96.22	54.69	31.74	14.6	39.45	3.51	2.808
3	5-235	现浇混凝土模块 圈梁 直形 复合模板 钢支撑	100 m²	0.168	6624.64	1112.94	368.68	405.51	0.04	129.54	73.62	42.72	19.66	52.97	22.5	3.78
4	5-260+ 5-278×2	现浇混凝土模块 平板 复合模板 钢支撑 实际高度(m):4.8	100 m²	0.689	7428	5186.23	1816.64	1880.28	1.45	605.12	343.89	199.57	91.83	247.45	25.29	17.6575
		合计				9729.52	2641.01	4921.58	4.04	879.65	499.92	290.12	133.49	359.71		25.6667

注:房屋建筑与装饰工程:人工费指数 1.113,机械类指数 1.082,管理类指数 1.389。

案例三:

工程量清单

序号	项目编码	项目名称	项目特征描述	计量单位	工程量	金额(元) 综合单价	合价	其中 暂估价
		整个项目					6003	
1	011701001001	综合脚手架	1. 建筑结构形式:框架 2. 檐口高度:净高 6.8 m	m²	300	20.01	6003	

综合单价分析表

项目编码	011701001001	项目名称	综合脚手架	计量单位	m²	工程量	300				
清单综合单价组成明细											
定额编号	定额项目名称	定额单位	数量	单价 人工费	单价 材料费	单价 机械费	单价 管理费和利润	合价 人工费	合价 材料费	合价 机械费	合价 管理费和利润
17-59	单项脚手架 满堂脚手架 基本层 (3.6~5.2 m)	100 m²	0.01	742.58	339.7	147.38	354.7	7.43	3.4	1.47	3.55
17-60 ×1.5	单项脚手架 满堂脚手架 增加层 1.2 m 单位 1.5	100 m²	0.01	239.46	29.73	35.06	113.06	2.39	0.3	0.35	1.13
人工单价		小计						9.82	3.7	1.82	4.68
高级技工 201 元/工日; 普工 87.1 元/工日; 一般技术工 134 元/工日		未计价材料费									
清单项目综合单价								20.01			

材料费明细	主要材料名称、规格、型号	单位	数量	单价(元)	合价(元)	暂估单价(元)	暂估合价(元)
	脚手架钢管	kg	0.1101	4.55	0.5		
	扣件	个	0.0426	5.67	0.24		
	脚手架钢管底座	个	0.0015	5	0.01		
	木脚手板	m³	0.0006	1652.1	0.99		
	镀锌铁丝 ϕ 4.0	kg	0.2934	5.18	1.52		
	圆钉	kg	0.0285	7	0.2		
	红丹防锈漆	kg	0.0096	14.8	0.14		
	油漆溶剂油	kg	0.0011	4.4			
	挡脚板	m³		1800			
	其他材料费			—	0.00	—	
	材料费小计			—	3.6	—	

注:房屋建筑与装饰工程:人工费指数 1.113,机械类指数 1.082,管理类指数 1.389。

建设工程技术与计量(安装工程)
模拟试题(一)

一、单项选择题(共 15 题,每题 1 分。每题的备选项中,只有 1 个最符合题意)

1. 给水阀门 A21H-16 为(　　)的表示方法。

A. 截止阀　　B. 安全阀　　C. 球阀　　D. 闸阀

2. 在建筑给水系统中一般采用的泵是(　　)。

A. 旋涡泵　　B. 混流泵　　C. 轴流泵　　D. 离心泵

3. 防腐工程量计算规定:设备及管道的表面除锈刷油以(　　)为单位。

A. kg　　B. m^3　　C. m　　D. m^2

4. 对于层数较多的建筑物,当室外给水管网水压不能满足室内用水时,可将其(　　)。

A. 竖向分区　　B. 横向分区　　C. 并联分区　　D. 串联分区

5. 对不适合做液压试验的容器,可用(　　)试验代替液压试验。

A. 水压　　B. 气密性　　C. 气压　　D. 渗漏

6. 我国自行设计,其主要特点是具有限流作用及较高的极限分断能力的熔断器是(　　)。

A. 瓷插式熔断器　　B. 填充料式熔断器　　C. 封闭式熔断器　　D. 螺旋式熔断器

7. 在下述常用电光源中,频闪效应不明显的是(　　)。

A. 日光灯　　B. 白炽灯　　C. 高压汞灯　　D. 金属卤化物灯

8. 室内敷设电缆 YJV22-3×120+2×70,在套用铜芯电缆子目 4-9-164 时,基价(　　)。

A. 不换算　　B. 乘以 1.2　　C. 乘以 1.3　　D. 乘以 1.15

9. 电缆一般在山地、丘陵地区敷设时,其定额(　　)。

A. 基价乘以系数 1.2　　B. 人工乘以系数 1.2　　C. 基价乘以系数 1.3　　D. 人工乘以系数 1.3

10. 为了防止飞行物与建筑物相撞的标志灯是(　　)。

A. 值班照明　　B. 警卫照明　　C. 安全照明　　D. 障碍照明

11. 按介质压力,工业管道可分为高、中、低压管道,其中低压管道介质设计压力为 $0<p\leq$(　　)MPa。

A. 1.2　　B. 1.4　　C. 1.6　　D. 1.8

12.《河南省通用安装工程预算定额》(HA 03-31—2016)工程量计算规定:重量的计量单位为“t”,在汇总工程量时,应保留小数点后(　　)位小数。

A. 1　　B. 2　　C. 3　　D. 4

13. 依据《通用安装工程工程量计算规范》(GB 50856—2013),保温层厚度大于(　　)mm,保冷层厚度大于(　　)mm,工程量分层计算。

A. 80　60　　B. 90　70　　C. 100　80　　D. 110　90

14. 在探测器一定范围内不应有遮挡物,如书架、文件柜等。探测器距墙壁、梁边或防烟通道垂壁的净距不应小于(　　)。

A. 0.2 m　　B. 0.3 m　　C. 0.5 m　　D. 1.5 m

15. 一般情况下,煤气、天然气高压系统必须采用(　　)。

A. 铸铁管　　B. 聚乙烯管　　C. 钢管　　D. 混凝土管

二、多项选择题(共 5 题,每题 2 分。每题的备选项中,有 2 个或 2 个以上符合题意,错选,本题不得分;少选,所选的每个选项得 0.5 分)

1. 按热水管网布置图式分类,热水供应系统分为(　　)。

A. 上行下给式供应系统　　B. 下行上给式供应系统

C. 分区式供应系统　　D. 区域式供应系统

2. 给水系统按用途不同可分为(　　)。

A. 生活给水系统　　B. 生产给水系统　　C. 消防给水系统

D. 工业给水系统　　E. 民用给水系统

3. 热水管网均应采用耐压管材及管件,一般可采用(　　)。

A. 聚丙烯管　　B. 聚氯乙烯管　　C. 热浸镀锌钢管　　D. 钢塑管

4. 消防电气系统是由(　　)子系统组成的。

A. 火灾报警　　B. 自动喷洒　　C. 联动控制　　D. 广播通信　　E. 图文显示

5. 可作防爆灯光源的灯有(　　)。

A. 荧光灯　　B. 白炽灯　　C. 高压钠灯　　D. 卤钨灯　　E. 高压汞灯

三、计算题(共 3 题,每题 25 分)

计算题一:

本题所给的图示为某建筑的局部电气施工图。

1. 建筑物层高 3.0 m,墙厚均为 240 mm,楼板厚 120 mm。

2. 配电箱为成品配电箱,外形尺寸:500 mm(宽)×400 mm(高)×200 mm(厚)。

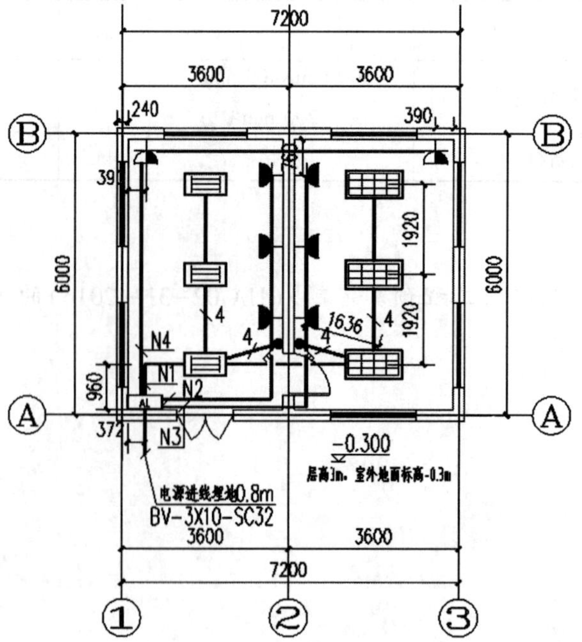

3. 顶板配管的电气管线沿板底敷设。
4. 进户电源的管线计算至外墙皮 1.5 m。
5. 图中未表示电线根数的管线,均为 3 根。
6. 计算式及结果保留两位小数。没有计算过程,只有计算结果不得分。

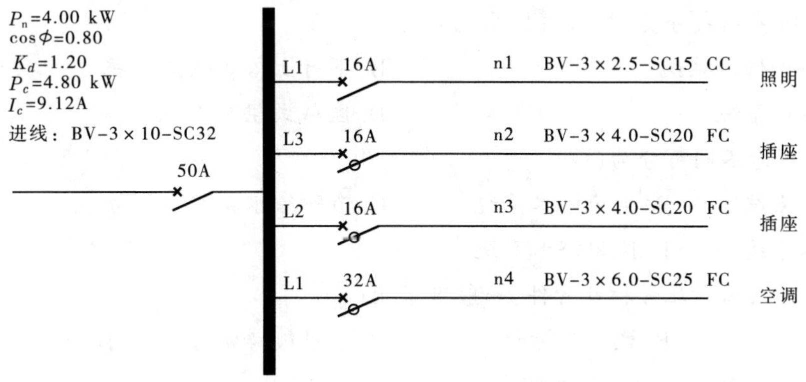

照明配电箱AL.嵌墙暗装底边距地1.8 m 配电箱尺寸：500 mm(宽)×400 mm(高)×200 mm(厚)

序号	图例	名称	规格	单位	备注
6		三联开关		个	安装高度距地 1.3 m
5		空调插座	三孔插座	个	安装高度距地 0.3 m
4		带保护接点暗装插座	五孔插座	个	安装高度距地 0.3 m
3		嵌入式长格栅灯具		盏	吸顶安装
2		三管格栅灯		盏	吸顶安装
1		照明配电箱	500 mm×400 mm×200 mm	台	安装高度距地 1.8 m

【问题】

1. 试根据《河南省通用安装工程预算定额》(HA 02-31—2016)的工程量计算规则计算图纸中的配管及配线工程量。

2. 试根据《建设工程工程量清单计价规范》(GB 5055—2013)要求,编制配管及配线分部分项工程量清单。

计算题二:

图示为某建筑物卫生间排水施工图,试根据工程量计算规则对答题卡上给定的项目计算工程量。

1. 该建筑物层高 3 m。
2. 排水管采用 UPVC 管黏结。
3. 排水管均算至外墙皮 1.5 m。
4. 管道长度按图中给定的尺寸计算,不能量取。
5. 标高尺寸以 m 为单位,其余尺寸均为 mm。
6. 计算式及结果保留两位小数。没有计算过程,只有计算结果不得分。

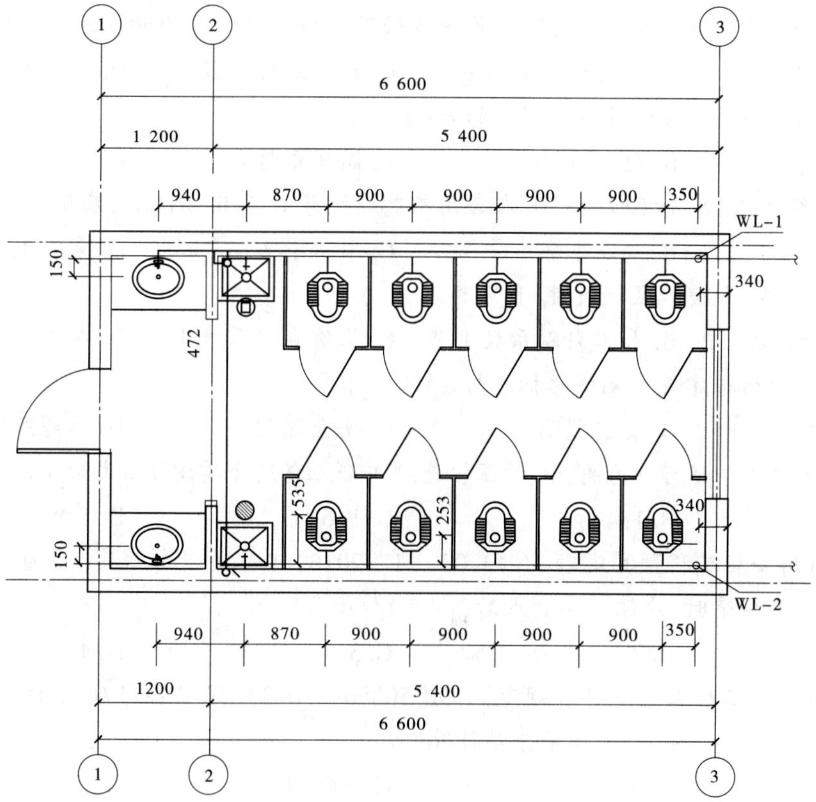

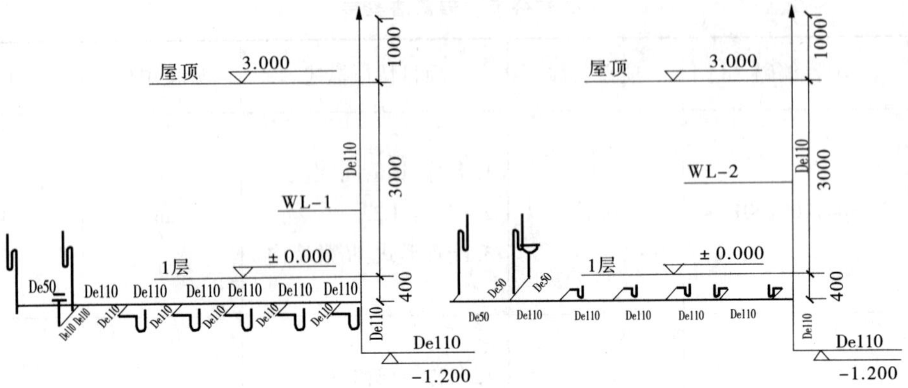

序号	图例	名称	规格	单位	备注
1		圆地漏	De50	个	
2		清扫口	De110	个	
3		通气帽		个	
4		洗脸盆		个	详09S304
5		蹲便器	液压脚踏冲洗阀蹲便器	个	详09S304
6		拖布池		个	

【问题】

1. 试根据《河南省通用安装工程预算定额》(HA 02-31—2016)工程量计算规则计算图纸中的排水管、排水附件及卫生洁具。

2. 试根据《建设工程工程量清单计价规范》(GB 5055—2013)要求,编制排水管、排水附件及卫生洁具分部分项工程量清单。

计算题三:

某建筑物室内消火栓系统管道 *DN*100 的工程量为 300 m,沟槽式卡箍 90 个。根据下面给定的条件,依据《河南省通用安装工程预算定额》(HA 02-31—2016)、《建设工程工程量清单计价规范》(GB 5055—2013)的相关规定,试计算该项目清单的综合单价。

1. 消火栓管道采用镀锌钢管,沟槽式连接,刷调和漆两遍。

2. 镀锌钢管 *DN*100 暂定单价为 60.06 元/m,酚醛调和漆按 14 元/kg,沟槽式卡箍 *DN*100 暂定单价为 25.66 元/个,沟槽式管件暂定单价为 15 元/个。

3. 镀锌钢管 *DN*100 表面积按 35.80 m^2/100 m 计算。

4. 工程量、材料数量均保留两位小数。

建设工程技术与计量(安装工程)模拟试题(一)参考答案

一、单项选择题

1. B	2. D	3. D	4. A	5. C
6. B	7. B	8. D	9. D	10. D
11. C	12. C	13. C	14. C	15. C

二、多项选择题

1. ABC	2. ABC	3. ACD	4. ACDE	5. ABE

三、计算题

计算题一:

问题 1. SC32 1. 1+1. 8+1. 5+0. 24=4. 64(m)

BV10 4. 64×3+3×(0. 5+0. 4)[预留]=16. 62(m)

N1 回路

SC15 0. 96+(3. 6-0. 24)/2-0. 37+3. 6+1. 92×2[4]+1. 92×2+1. 64×2[4]+(3-1. 8-0. 4-0. 1)+(3-0. 1-1. 3)×2[4]=20. 73(m)

BV2. 5 20. 73×3+1. 92×2+1. 64×2+(3-0. 1-1. 3)×2+3×(0. 5+0. 4)[预留]=75. 21(m)

N2 回路

SC20 3. 6-0. 24-0. 37+6-0. 24-0. 76+0. 3×5+1. 8=11. 29(m)

BV4 11. 29×3+3×(0. 5+0. 4)[预留]=36. 57(m)

N3 回路

SC20 3. 6-0. 37+6-0. 24-0. 76+0. 3×5+1. 8=11. 53(m)

BV4 11. 53×3+3×(0. 5+0. 4)[预留]=37. 29(m)

N4 回路

SC25 6-0. 24+7. 2-0. 24-0. 39×2+1. 8+0. 3×3=14. 64(m)

BV6 14. 64×3+3×(0. 5+0. 4)[预留]=46. 62(m)

问题 2:

分部分项工程量清单表

序号	项目编码	项目名称	项目特征描述	计量单位	工程量
1	030411001001	配管	1. 名称:钢管暗配 2. 规格:SC32 3. 配置形式:暗敷墙内	m	4. 64
2	030411001002	配管	1. 名称:钢管暗配 2. 规格:SC20 3. 配置形式:暗敷墙内	m	22. 82
3	030411001003	配管	1. 名称:钢管暗配 2. 规格:SC15 3. 配置形式:暗敷墙内	m	20. 73
4	030411004001	配线	1. 名称:管内配线 2. 型号:BV10 3. 配线部位:沿墙、沿楼板暗配	m	16. 62
5	030411004002	配线	1. 名称:插座配线 2. 型号:BV6 3. 配线部位:沿墙、沿楼板暗配	m	46. 62
6	030411004003	配线	1. 名称:插座配线 2. 型号:BV4 3. 配线部位:沿墙、沿楼板暗配	m	73. 86
7	030411004004	配线	1. 名称:照明配线 2. 型号:BV2. 5 3. 配线部位:沿墙、沿楼板暗配	m	75. 21

计算题二：

问题 1：

De110 0.87+0.9×4+0.35+0.34+1.5+0.25×5+0.4[立]×5+1.2[立]+3[层高]+1[立]=15.11(m)

De50　　0.54+0.15+0.94+0.4[立]×3=2.83(m)

地漏 De50=1 个　清扫口 De110=1 个　液压脚踏冲洗阀蹲便器=10 个　洗脸盆=2 个 拖布池=2 个

问题 2：

分部分项工程量清单表

序号	项目编码	项目名称	项目特征描述	计量单位	工程量
1	031001006001	塑料管	1. 安装部位：室内 2. 介质：排水管 3. 材质、规格：UPVC De110 4. 连接形式：粘接	m	31.09
2	031001006002	塑料管	1. 安装部位：室内 2. 介质：排水管 3. 材质、规格：UPVC De50 4. 连接形式：粘接	m	4.72
3	031004014001	给、排水附(配)件	1. 材质：塑料地漏 2. 型号、规格：De50	个	1
4	031004014002	给、排水附(配)件	1. 材质：塑料清扫口 2. 型号、规格：De110	个	1
5	031004006001	大便器	1. 材质：瓷 2. 规格、类型：蹲便器 3. 组装形式：液压脚踏冲洗阀	组	10
6	031004004001	洗涤盆	1. 材质：瓷 2. 规格、类型：洗涤盆 3. 组装形式：成品	组	2
7	031004003001	洗脸盆	1. 材质：瓷 2. 规格、类型：洗脸盆 3. 组装形式：成品	组	2

计算题三：

清单综合单价分析表

顺序号	编码	名称	项目特征描述	计量单位	工程量	金额(元)		
						综合单价	合价	其中 暂估价
		整个项目					40502.05	
1	031001001001	镀锌钢管	1. 安装部位：室内 2. 介质：消防管道 3. 规格、压力等级：DN100 4. 连接形式：沟槽式	m	300	131.86	39558	
	10-1-53	给排水管道室内钢管(沟槽连接)公称直径100 mm 以内		10 m	30	1318.48	39554.4	
2	031201001001	管道刷油	1. 油漆品种：调和漆 2. 涂刷遍数、漆膜厚度：二遍	m^2	107.4	8.79	944.05	
	12-2-8	管道刷油 调和漆 第一遍		10 m^2	10.74	45.1	484.37	
	12-2-9	管道刷油 调和漆 增一遍		10 m^2	10.74	42.75	459.14	

建设工程技术与计量(安装工程)模拟试题(二)

一、单项选择题(共 15 题,每题 1 分。每题的备选项中,只有 1 个最符合题意)

1. 高压管道指的是(　　)管道。
A. 高压 $P>10$ MPa　B. 高压 $P\geq10$ MPa　C. 高压 $P\geq6$ MPa　D. 高压 $P>6$ MPa
2. 对于不锈钢工件焊缝表面的探伤,不能用(　　)。
A. 磁粉探伤　B. 荧光探伤　C. 着色探伤　D. 超声波探伤
3. 电话交换设备安装,应根据项目特征,以(　　)为计量单位。
A. 个　B. 台　C. 组　D. 架
4. 室内敷设电缆 YJV22-3×6,在套用铜芯电缆子目 4-9-159 时,基价(　　)。
A. 不换算　B. 乘以 1.2　C. 乘以 1.3　D. 乘以 1.15
5. 感温探测器通常使用的三色线是(　　)。
A. 红、黄、蓝　B. 红、棕、绿　C. 红、棕、蓝　D. 红、黄、绿
6. 水平热力管道变径时应采用(　　)连接。
A. 偏心导径管　B. 法兰　C. 卡套　D. 螺栓
7. 安装带保温层的管道,执行器相应材质及连接形式的管道安装项目时,(　　)。
A. 基价乘以系数 1.1　B. 人工乘以系数 1.1
C. 基价乘以系数 1.3　D. 人工乘以系数 1.3
8. 变压器安装在离地面高度为(　　)以上的变压器台上。
A. 2 m　B. 2.5 m　C. 3 m　D. 3.5 m
9. 目前,我国新建的旅游宾馆、饭店等的客房部分普遍采用(　　)。
A. 诱导空调系统　B. 风机盘管空调系统
C. 洁净空调系统　D. 静音空调系统
10. 建筑室内消火栓栓口的安装高度应距地面(　　)。
A. 1 m　B. 1.1 m　C. 1.2 m　D. 1.4 m
11. ZAN-BV 表示(　　)导线。
A. A 类阻燃耐火聚氯乙烯绝缘铜芯电线
B. A 类耐火聚氯乙烯绝缘铜芯电线
C. A 类聚氯乙烯绝缘铜芯电线
D. A 类阻燃耐火聚氯乙烯绝缘铝芯电线
12. 根据电气设备电压等级的分类,低压设备是交流 50 Hz,额定电压(　　)及以下的电气设备。
A. 1 000 V　B. 1 200 V　C. 1 400 V　D. 1 500 V

13. 三类答对数铜缆的型号为(　　)。
A. UTP CAT3.0 25~100(25~100 对)
B. UTP CAT5.0 25~100(25~50 对)
C. UTP CAT3.0 25~50(25~100 对)
D. UTP CAT5.0 25~50(25~50 对)
14. 依据《通用安装工程工程量计算规范》(GB 50856—2013),在安装工程分类编码体系中,第一、二级编码为 0304,表示(　　)。
A. 消防工程　B. 通风空调工程
C. 电气设备安装工程　D. 工业管道
15. 刷油、防腐、绝热工程的基本安装高度为(　　)
A. 10 m　B. 6 m　C. 5 m　D. 3.6 m

二、多项选择题(共 5 题,每题 2 分。每题的备选项中,有 2 个或 2 个以上符合题意,错选,本题不得分;少选,所选的每个选项得 0.5 分)

1. 热力管道直接埋地敷设的要求有(　　)。
A. 管子与保温材料之间尽量不留空气间层
B. 管道保温结构具有低的导热系数
C. 管道保温结构具有高的耐压强度
D. 管道保温结构具有良好的防火性能
2. 铜和铜合金管用法兰连接的形式有(　　)。
A. 焊接法兰　B. 螺纹法兰　C. 翻边活套法兰　D. 焊环活套法兰
3. 人工补偿是利用管道补偿器来吸收热变形的补偿方式,常用的有(　　)。
A. 自然补偿　B. 方形补偿器　C. 填料式补偿器
D. 波形补偿器　E. 弯头
4. 排水系统按用途不同可分为(　　)。
A. 生活排水系统　B. 生产排水系统　C. 工业废水排水系统
D. 屋面雨水排水系统　E. 民用排水系统
5. 水泵接合器的安装方式可分为(　　)。
A. 地上式　B. 地下式　C. 墙壁式　D. 组合式

三、计算题(共 3 题,每题 25 分)

计算题一:

下图所示为某建筑物卫生间排水施工图,试根据工程量的计算规则对答题卡上给定的项目计算工程量。

1. 该建筑物层高 3 m。
2. 给水管采用 PP-R 管热熔连接。
3. 给水管均算至外墙皮 1.5 m。
4. 管道长度按图中给定的尺寸计算,不能量取。
5. 标高尺寸以 m 为单位,其余尺寸均为 mm。
6. 计算式及结果保留两位小数。没有计算过程,只有计算结果不得分。

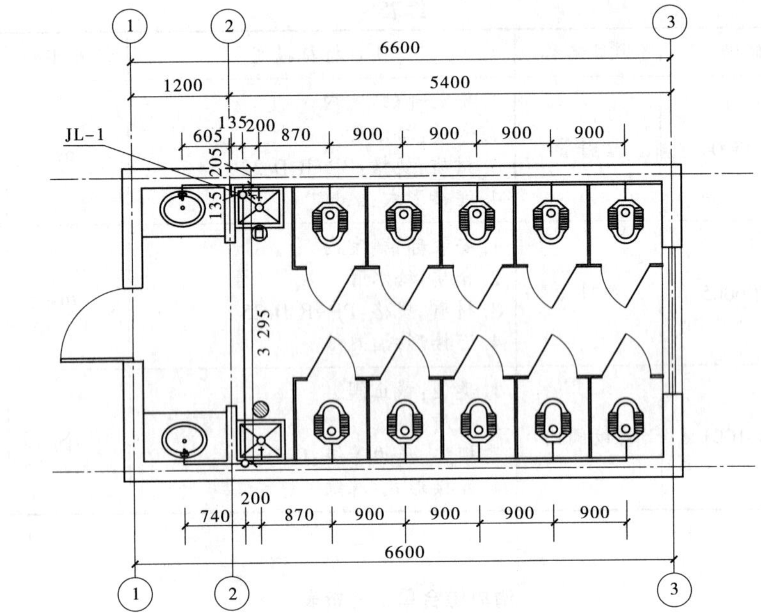

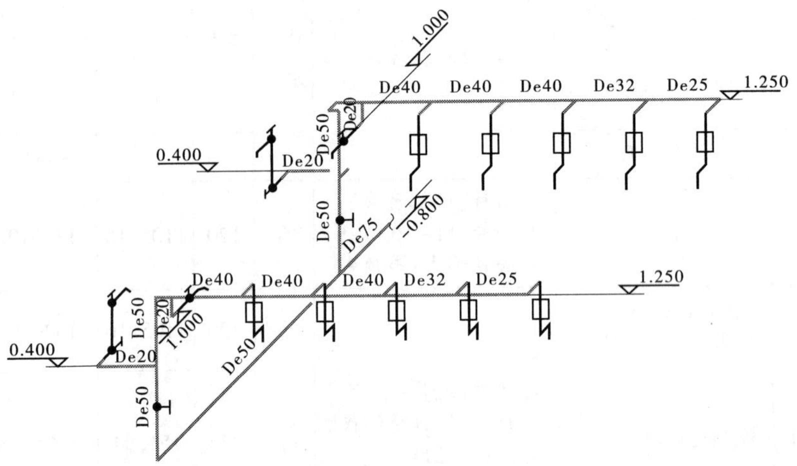

材料表

序号	图例	名称	规格	单位	备注
1		圆地漏	De50	个	
2		清扫口	De110	个	
3		通气帽		个	
4		洗脸盆		个	详见09S304
5		蹲便器	液压脚踏冲洗阀蹲便器	个	详见09S304
6		截止阀	De50	个	
7		拖布池		个	详见09S304

【问题】

1. 试根据《河南省通用安装工程预算定额》(HA 02-31—2016)的工程量计算规则计算图纸中的给水管及阀门工程量。

2. 试根据《建设工程工程量清单计价规范》(GB 5055—2013)要求编制给水管及阀门分部分项工程量清单。

计算题二:

依据《建设工程工程量清单计价规范》(GB 5055—2013)和《河南省通用安装工程预算定额》(HA 02-31—2016)的相关规定,选用合适的定额子目,计算项目清单的综合单价。

1. 某建筑空调系统的部分工程量:FP-10 吊顶式风机盘管 120 台,单价为 800 元/台。

2. 800×320 的镀锌薄壁钢板风道 150 m,单价为 58 元/m^2。

计算题三:

某空调工程的空调水管道,无缝钢管 133×4,长度 2 020 m,表面手工除轻锈,刷红丹防锈漆一遍,橡塑管壳保温 δ=40 mm,其中 400 m 管道在室外,室外保温管道要求在保温外做一次镀锌铁皮保护层。

依据《河南省通用安装工程预算定额》(HA 02-31—2016)的计算规则计算空调管道的除锈刷油工程量、保温工程量、镀锌铁皮保护层工程量。计算结果保留两位小数。

建设工程技术与计量(安装工程)模拟试题(二)参考答案

一、单项选择题

1. A　2. A　3. D　4. A　5. B
6. A　7. B　8. B　9. B　10. B
11. A　12. A　13. A　14. C　15. B

二、多项选择题

1. BCD　2. ACD　3. BCD　4. ACD　5. ABC

三、计算题

计算题一:

问题 1:

PP-R De75　0.14+0.21+1.5=1.85(m)

De50　3.3+(0.8×2)+1.25×2+0.14+0.14+0.14+0.2+0.2=8.22(m)

De40　(0.87+0.9×2)×2=5.34(m)

De32　0.9×2=1.8(m)

De25　0.92 m

问题 2:

序号	项目编码	项目名称	项目特征描述	计量单位	工程量
		整个项目			
1	031001006001	塑料管	1. 安装部位:室内 2. 介质:给水管 3. 材质、规格:PP-R De75 4. 连接形式:热熔	m	1.85
2	031001006002	塑料管	1. 安装部位:室内 2. 介质:给水管 3. 材质、规格:PP-R De50 4. 连接形式:热熔	m	8.22
3	031001006003	塑料管	1. 安装部位:室内 2. 介质:给水管 3. 材质、规格:PP-R De40 4. 连接形式:热熔	m	5.34
4	031001006004	塑料管	1. 安装部位:室内 2. 介质:给水管 3. 材质、规格:PP-R De32 4. 连接形式:热熔	m	1.8
5	031001006005	塑料管	1. 安装部位:室内 2. 介质:给水管 3. 材质、规格:PP-R De25 4. 连接形式:热熔	m	0.92
6	031003001001	螺纹阀门	1. 类型:截止阀 2. 材质:铜 3. 规格、压力等级:De50 4. 连接形式:螺纹	个	2

计算题二:

清单综合单价分析表

顺序号	编码	名称	项目特征描述	计量单位	工程量	金额(元)		
						综合单价	合价	其中 暂估价
		整个项目					183671.04	
1	030701004001	风机盘管	1. 名称:风机盘管 2. 型号:FP-10 3. 安装形式:吊顶式	台	120	1105.16	132619.2	
	7-1-31	风机盘管安装 吊顶式		台	120	1105.16	132619.2	
2	030702001001	碳钢通风管道	1. 名称:风管 2. 材质:镀锌薄钢板 3. 形状:矩形 4. 规格:800×320	m^2	336	151.94	51051.84	
	7-2-8	镀锌薄钢板矩形风管(δ=1.2 mm以内咬口),长边长≤1000 mm		10 m^2	33.6	1519.31	51048.82	

计算题三:

除锈刷油:

$S=3.14\times0.133\times2020=843.59(m^2)$

保温:

$V=3.14\times(0.133+1.03\times0.04)\times2020\times1.03\times0.04=45.52(m^3)$

镀锌铁皮保护层:

$S=3.14\times(0.133+0.04\times2.1)\times400=272.55(m^2)$

建设工程技术与计量(安装工程)模拟试题(三)

一、单项选择题(共15题,每题1分。每题的备选项中,只有1个最符合题意)

1. 某防爆通风系统,风管用1.8 mm厚铝板制作,其连接方式应为(　　)。
A. 咬口连接　　B. 普通电弧焊焊接
C. 铆接　　D. 气焊焊接

2. 给水阀门J41W-6T为(　　)的表示方法。
A. 截止阀　　B. 安全阀
C. 球阀　　D. 闸阀

3. 第九册《消防及安全防范设备安装工程》与其他各册执行规定的描述正确的是(　　)。
A. 电缆敷设、桥架安装等均执行第四册《电气设备安装工程》
B. 消火栓管道、喷淋管道均执行第九册《消防及安全防范设备安装工程》
C. 各种消防水泵、稳压泵均执行第一册《机械设备安装工程》
D. 设备支架制作、安装执行第九册《消防及安全防范设备安装工程》

4. 关于第十册界线划分表述正确的是(　　)。
A. 给水管道室内外界线以建筑物外墙皮1.5 m为界
B. 排水管道室内外以出户第一个排水检查井为界
C. 采暖热源管道与工业管道界线以锅炉房或泵站外墙1.5 m为界
D. 排水管道的室外管道与市政管道界线以与市政管道碰头点为界

5. 接地母线、避雷线敷设长度按施工图设计长度另加(　　)的附加长度计算。
A. 2%　　B. 2.9%　　C. 3%　　D. 3.9%

6. 设置于管廊内的管道,其定额人工、机械费乘以系数(　　)。
A. 0.8　　B. 1.1　　C. 1.2　　D. 1.3

7. 通风管道制作安装定额中,风管项目表示的直径为(　　)。
A. 内径　　B. 外径
C. 平均直径　　D. 公称直径

8. 用于输送强腐蚀性、低温或高温以及纯度要求高的介质管材是(　　)。
A. 钢管　　B. 铸铁管
C. 不锈钢管　　D. 铜管

9. 压力在1.6~10 MPa的设备是(　　)。
A. 低压设备　　B. 中压设备
C. 高压设备　　D. 超高压设备

10. 按国家标准,电气工程聚氯乙烯硬质管的图注符号是(　　)。
A. RC　　B. TC　　C. PC　　D. CP

11. 适用于大面积除锈且质量最高的除锈方法是(　　)。
A. 手工除锈　　B. 电动刷轮除锈
C. 化学除锈　　D. 机械喷砂除锈

12. 室内配线的敷设方式分为(　　)。
A. 明敷和暗敷
B. 管内穿线和钢索架设
C. 线槽和绝缘子配线
D. 护套线和顶棚敷设

13. 铜芯橡皮绝缘导线型号为(　　)。
A. BV　　B. BX　　C. RXS　　D. BBX

14. 弱电系统的作用是完成建筑物内部与外部之间的(　　)。
A. 搭接　　B. 联系　　C. 组合　　D. 信息传递与交换

15. 柜、箱、屏、盘、板配线,其工程量按盘柜内配线计算规则,计量单位为(　　)。
1. 个　　B. 台　　C. 米　　D. 块

二、多项选择题(共5题,每题2分。每题的备选项中,有2个或2个以上符合题意,错选,本题不得分;少选,所选的每个选项得0.5分)

1. 电气安装工程中,各种管内穿线的工程量以单线“延长米”为单位计算,配线进入(　　)的预留线应计入相应工程量。
A. 配电箱　　B. 开关柜
C. 灯具　　D. 插座

2. 风管制作安装按设计图示尺寸以展开面积计算,不扣除(　　)等所占的面积。
A. 阀门　　B. 测定孔
C. 送风口　　D. 吸风口

3. 安装工程材料有各种不同的分类方法。一般按照材料的化学成分和用途可以分为(　　)。
A. 金属材料　　B. 非金属材料
C. 高分子材料　　D. 化合材料
E. 复合材料

4. 钢管的连接方式有(　　)。
A. 螺纹接　　B. 套接
C. 焊接　　D. 法兰接
E. 铰接

5. 电气调整包括(　　)。
A. 综合调试　　B. 分系统调试
C. 整体调试　　D. 联合调试
E. 单体调试

三、计算题(共3题,每题25分)

计算题一:

某工程避雷装置,采用Φ10圆钢明敷作避雷网,图示尺寸为200 m,利用建筑物内4根主筋做接地引下线,图示长度为100 m,计算该避雷装置的综合单价(圆钢4.07元/m)。

依据《建设工程工程量清单计价规范》(GB 5055—2013)和《河南省通用安装工程预算定额》(HA 02-31—2016)的相关规定,选用合适的定额子目,计算项目清单的综合单价。

计算题二:

某室内给排水安装工程如下图所示。给水管道为镀锌钢管螺纹连接,排水管道为塑料排水管承插粘接,低水箱坐式大便器,瓷洗手盆,钢管淋浴器,墙厚240 mm。

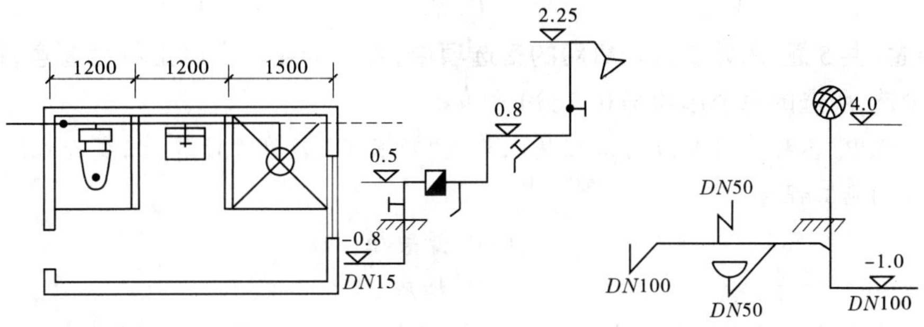

室内给排水平面图、系统图

【问题】

试根据《河南省通用安装工程预算定额》》(HA 02-31—2016)的工程量计算规则计算图纸中的分部分项工程量。(不计算挖填土方)

计算题三:

根据计算题二的分部分项工程量和《建设工程工程量清单计价规范》(GB 5055—2013)要求,编制分部分项工程量清单。

建设工程技术与计量(安装工程)
模拟试题(三)参考答案

一、单项选择题

1. D　2. A　3. D　4. B　5. D
6. C　7. A　8. D　9. B　10. C
11. D　12. A　13. B　14. D　15. C

二、多项选择题

1. AB　2. BCD　3. ABCE　4. ACD　5. BCDE

三、计算题

计算题一:

顺序号	编码	名称	项目特征描述	计量单位	工程量	金额(元)		
						综合单价	合价	其中 暂估价
		整个项目					7800.81	
1	030409005001	避雷网	1. 名称:避雷网 2. 材质:Φ10 圆钢 3. 安装形式:沿折板敷设	m	207.8	31.86	6620.51	
	4-10-45	避雷网安装沿折板支架敷设		m	207.8	31.86	6620.51	
2	030409003001	避雷引下线	1. 名称:引下线 2. 材质:利用柱筋	m	103.9	11.36	1180.3	
	4-10-42	避雷引下线敷设利用建筑结构钢筋引下		m	103.9	11.36	1180.3	

计算题二:

序号	项目名称	计量单位	工程数量	计算式
1	镀锌钢管螺纹连接,室内给水 *DN*15	m	63.1	1.5+0.24+1.08+1.2+1.38×0.5+0.8+0.8
2	承插塑料排水管零件粘接,室内排水 *DN*100	m	98.6	1.5+0.24+1.38+1.2+1.08×0.5+4+1
5	螺纹水表安装 *DN*15	套	1	
6	低水箱坐式大便器安装	套	1	
7	瓷洗手盆安装,冷水	组	1	
8	钢管组成冷水淋浴器安装	组	1	
9	塑料地漏安装 *DN*50	个	1	

计算题三:

序号	项目编码	项目名称	项目特征描述	计量单位	工程量
		整个项目			
1	031001001001	镀锌钢管	1. 安装部位:室内 2. 介质:给水 3. 规格、压力等级:*DN*15 4. 连接形式:螺纹	m	63.1
2	031001006001	塑料管	1. 安装部位:室内 2. 介质:排水 3. 材质、规格:UPVC　*DN*100 4. 连接形式:粘接	m	98.6
3	031003013001	水表	1. 安装部位(室内外):室内 2. 型号、规格:*DN*15	组	1
4	031004003001	洗脸盆	1. 材质:瓷	组	1
5	031004006001	大便器	1. 材质:瓷 2. 规格、类型:低水箱坐式大便器	组	1
6	031004014001	给、排水附(配)件	1. 材质:塑料地漏 2. 型号、规格:*DN*50	个	1
7	031004010001	淋浴器	1. 材质、规格:钢管组成冷水淋浴器	套	1

建设工程技术与计量(安装工程)模拟试题(四)

一、单项选择题(共15题,每题1分。每题的备选项中,只有1个最符合题意)

1. 避雷网(带)计算 L=按图计算延长米×(1+3.9%),其中3.9%为(　　)。
   A. 预留长度　B. 附加长度　C. 定额损耗率　D. 调值率
2. 接地网调试工程量按(　　)计量。
   A. m　B. 组　C. 系统　D. kg
3. 应急照明按功能分为三类,即疏散照明、安全照明和(　　)。
   A. 备用照明　B. 应急照明　C. 生活照明　D. 工作照明
4. 水灭火系统应用最为广泛,按照水流形态可分为消火栓灭火系统和(　　)。
   A. 混合灭火系统　B. 手动灭火系统
   C. 自动喷水灭火系统　D. 水箱灭火系统
5. 水泵接合器的形式有地上式、地下式和(　　)。
   A. 屋顶式　B. 吸顶式　C. 嵌入式　D. 墙壁式
6. 室外消火栓距路边不应超过(　　)。
   A. 1.8 m　B. 2 m　C. 2.5 m　D. 3.0 m
7. 室外消火栓距房屋外墙不宜小于(　　)。
   A. 3.5 m　B. 4 m　C. 4.5 m　D. 5 m
8. 火灾自动报警系统的形式有区域报警系统、集中报警系统和(　　)。
   A. 控制中心报警系统　B. 自动报警系统
   C. 人工报警　D. 点报警系统
9. 对工程量清单概念表述不正确的是(　　)。
   A. 工程量清单是包括工程数量的明细清单
   B. 工程量清单也包括工程数量相应的单价
   C. 工程量清单由招标人提供
   D. 工程量清单是招标文件的组成部分
10. 室内铸铁给水管道除锈、刷油工程量,其计算式为(　　)。
    A. $S=1.2\pi DL$　B. $S=1.1\pi DL$
    C. $S=\pi DL$　D. $S=1.15\pi DL$
11. 不适用于寒冷地区的灭火系统为(　　)。

    A. 自动喷水干式灭火系统　B. 自动喷水干湿两用灭火系统
    C. 自动喷水预作用系统　D. 自动喷水湿式灭火系统
12. 室内直埋式生活给水用PPR管热熔连接De32应套用(　　)定额。
    A. 10-1-334　B. 10-1-335　C. 10-1-336　D. 10-1-337
13. 3副法兰阀门两端用沟槽式法兰连接,则该沟槽式法兰的用量为(　　)。
    A. 3副　B. 3片　C. 6副　D. 12副
14. 安装带保温层的管道时,人工乘以系数(　　)。
    A. 1.10　B. 1.11　C. 1.12　D. 1.13
15. 4根线芯截面为6 mm^2 的导线应穿钢管直径为(　　)。
    A. 15 mm　B. 20 mm　C. 25 mm　D. 32 mm

二、多项选择题(共5题,每题2分。每题的备选项中,有2个或2个以上符合题意,错选,本题不得分;少选,所选的每个选项得0.5分)

1. 室内排水系统组成包括(　　)。
   A. 受水器　B. 存水弯　C. 透气帽
   D. 通气管及污废水处理设备　E. 排水管道
2. 常用的地漏形式有(　　)。
   A. 钟罩式　B. 筒式　C. 沉降式
   D. 浮球式　E. 安全式
3. 下列关于清单计价说法正确的是(　　)。
   A. 喷淋系统室外管道安装按C.10清单项目列项
   B. 空调水系统调试费按C.9清单项目列项
   C. 泵房间内管道安装工程量清单按C.8清单项目列项
   D. 消火栓管道安装按C.9清单项目列项
   E. 金属软管敷设按C.2清单项目列项
4. 给排水管道安装按设计图示管道中心线长度计算,不扣除(　　)及所占长度。
   A. 阀门　B. 管件　C. 卫生洁具　D. 各种井类
5. 依据《通用安装工程工程量计算规范》(GB 50856—2013),电气照明工程中安装设计图示数量,以"套"为计量单位的有(　　)。
   A. 荧光灯　B. 接线箱　C. 桥架　D. 高度标志(障碍)灯

三、计算题(共3题,每题25分)

计算题一:

某室内照明安装工程如下图所示,从8轴线算起。层高4 m,吊顶高3.2 m,刚性阻燃塑料管 $DN15$ 沿墙和吊顶内暗敷,穿BV-2×1.5线,晶片组合吸顶灯一套,双方筒乳白壁灯2套,灯具安装高度2 m,开关安装高度1.2 m,插座安装高度0.3 m,照明和插座不共管、不共回路,墙厚按照240 mm。(备注:在吊顶内配管,要求管顺着建筑轴线敷设。)

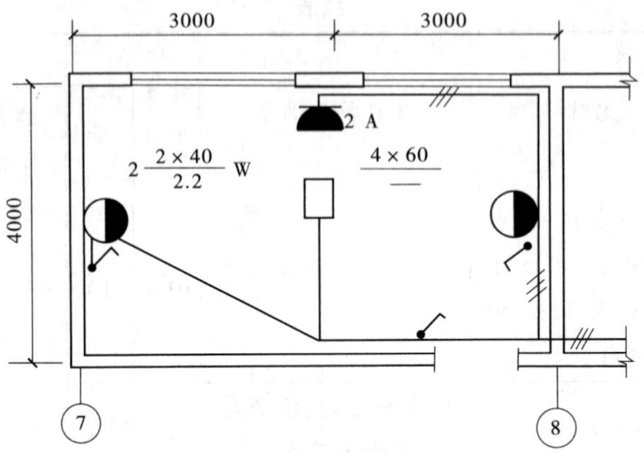

室内照明平面图

【问题】

试根据《河南省通用安装工程预算定额》(HA 02-31—2016)的工程量计算规则计算图纸中的分部分项工程量。

计算题二:

依据《建设工程工程量清单计价规范》(GB 5055—2013)和《河南省通用安装工程预算定额》(HA 02-31—2016)的相关规定,选用合适的定额子目,计算项目清单的综合单价。

1. 室内给水镀锌钢管螺纹连接 *DN*50 = 120 m 刷调和漆二遍,橡塑保温管壳保温,保温厚度 30 mm。

2. 镀锌钢管 *DN*50 按 26.51 元/m,螺纹管件 *DN*50 按 4.56 元/个,酚醛调和漆按 14 元/kg,暂定橡塑保温管壳单价为 1200 元/m^3。

3. 镀锌钢管 *DN*50 表面积按 18.85 m^2/100 m 计,厚度 30 mm 的保温体积按 0.89 m^3/100 m 计。

4. 计算过程和计算结果保留两位小数。

计算题三:

已知某净化空调系统工程,风管采用镀锌薄钢板(45 元/m^2)制作而成,其中一段镀锌薄钢板风管规格为 500 mm×400 mm(δ=1.0 mm),长度为 80 m,弯头导流叶片为香蕉形双叶片,面积共为 2 m^2。

依据《建设工程工程量清单计价规范》(GB 5055—2013)和《河南省通用安装工程预算定额》(HA 02-31—2016)的相关规定,选用合适的定额子目,计算项目清单的综合单价。计算过程和计算结果保留两位小数。

建设工程技术与计量(安装工程)模拟试题(四)参考答案

一、单项选择题

1. B　2. C　3. A　4. C　5. D
6. B　7. D　8. A　9. B　10. C
11. D　12. C　13. C　14. A　15. B

二、多项选择题

1. ADE　2. ABD　3. CD　4. ABCD　5. AD

三、计算题

计算题一:

工程量计算表

编号	项目名称	单位	数量	计算式
1.	刚性阻燃塑料管暗配 *DN*15	m	21.3	3+2+(4-1.2)×2+4+3+(4-0.3)
2.	刚性阻燃塑料管吊顶内敷设 *DN*15	m	7	3+2+2
3.	塑料波纹管吊顶内敷设 *DN*15	m	0.8	4-3.2
3.	管内穿线 BV-2×1.5	m	59.7	21.30×2+1.5×1+7×2+0.8×2
4.	塑料接线盒暗装	个	4	
5.	塑料开关盒、插座盒、灯头盒暗装	个	6	
6.	塑料接线盒明装	个	1	
8.	晶片组合吸顶灯安装,4×40 W	套	1	
9.	双方筒乳白壁灯安装,1×60 W	套	2	
10.	单控单联扳式暗开关安装	套	3	
11.	单相三孔暗插座安装,2A	套	1	

计算题二:

顺序号	编码	名称	项目特征描述	计量单位	工程量	金额(元)		
						综合单价	合价	其中 暂估价
		整个项目					9403.52	
1	031001001001	镀锌钢管	1. 安装部位:室内 2. 介质:给水 3. 规格、压力等级:*DN*50 4. 连接形式:螺纹	m	100	68.78	6878	

续表

顺序号	编码	名称	项目特征描述	计量单位	工程量	金额(元)		
						综合单价	合价	其中 暂估价
	10-1-17	给排水管道 室内镀锌钢管(螺纹连接) 公称直径 50 mm 以内		10 m	10	687.74	6877.4	
2	031201001001	管道刷油	1. 涂刷遍数、漆膜厚度:调和漆二遍	m^2	22.62	8.79	198.83	
	12-2-8	管道刷油 调和漆第一遍		10 m^2	2.262	45.1	102.02	
	12-2-9	管道刷油 调和漆增一遍		10 m^2	2.262	42.75	96.7	
3	031208002001	管道绝热	1. 绝热材料品种:橡塑保温管壳 2. 绝热厚度:30 mm	m^3	1.07	2174.48	2326.69	
	12-4-341	橡塑管壳安装(管道) *DN*50 mm 以下		m^3	1.07	2174.48	2326.69	

计算题三:

顺序号	编码	名称	项目特征描述	计量单位	工程量	金额(元)		
						综合单价	合价	其中 暂估价
		整个项目					10377.72	
1	030702001001	碳钢通风管道	1. 名称:矩形风管 2. 材质:镀锌薄钢板 3. 规格:500 mm×400 mm 4. 板材厚度:1.0	m^2	72	137.15	9874.8	
	7-2-8	镀锌薄钢板矩形风管(δ=1.2 mm 以内咬口) 长边长≤1 000 mm		10 m^2	7.2	1371.37	9873.86	
2	030702009001	弯头导流叶片	1. 名称:弯头导流叶片 2. 形式:香蕉形双	m^2	2	251.46	502.92	
	7-2-127	弯头导流叶片及其他 弯头导流叶片		m^2	2	251.46	502.92	